絵とき
放電技術
基礎のきそ
Electronics Series

小林春洋 [著]
Kobayashi Haruhiro

日刊工業新聞社

はじめに

　気体放電現象の研究は、1752年の有名な B. フランクリンの凧あげによる雷の実験にさかのぼり、その成果として翌1753年には避雷針が発明されたのである。

　一般に気体放電とは、電子、イオン、中性ガス分子、その各種励起子とファクタが多く、掴みどころのない現象とみられているようである。しかし、物理の歴史を振り返ってみると、放電現象は、X線や電子などの発見や、量子力学の進展の過程で大いにこれらを助けた。輝しい成果を放電が支えてきた。

　現在、私たちの身のまわりには携帯電話、インターネット関連機器、現金自動支払機、スイカ、カーナビ、電子カルテ、ディジタル家電と多くの電子機器が生活の隅々にまで入りこんできている。それらを可能にしている要素を冷静に眺めてみると、急増する情報を蓄蔵保管する「ストレージ」、情報を処理する「コンピュータ」、情報を送る「ネットワーク」、「ディスプレイ」などのハードウエアがあって、それらをソフトウエアによって使いやすくしている。その各ハードウエアをみるとストレージには岩崎俊一教授発明の垂直磁気 HDD、情報処理に超 LSI、ネットワークにレーザ光やマイクロ波、ディスプレイに液晶やプラズマなどがそれぞれ浮かんでくる。

　これらのハードウエアの傾向をみると、いずれも際限なく微細化して高密度が進められていることがわかる。こうした微細化がすすむにつれ、原子の大きさが議論されるようになり、電子は従来のように電荷をもつ微粒子とみるだけでは済まない時代になった。すなわち、そのスピンによる電子磁気と波としての電子波も考慮せねばならないようになってきたのである。

　こうした微細化された素子の製造に際しては、その工程で放電プラズ

マが重要になってくる。これがプラズマプロセスである。そのほかにもプラズマを直接利用するプラズマディスプレイ、ネットの周波数を一定に保つルビジウム原子発振器、ガスレーザなどが利用されている。前世紀、物理学を支えた放電プラズマがいまはIT化を支える陰の力になっているのである。

　本書は、こうしたナノサイズの素子を作るためのキーテクノロジーである放電プラズマについて、その各装置と応用の両面で参考書になるようにと心掛けた。プラズマプロセス装置の設計者、それを利用して新素子を開発する技術者、そしてその分野に進まれる学生の参考になれば幸いである。

　技術資料を提供していただいた細川直吉博士とキヤノン・アネルバ(株)にお礼申し上げます。

　また垂直磁気記録に関してご指導をいただいている岩崎俊一教授に感謝申し上げます。

小林春洋

絵とき　放電技術基礎のきそ
目　次

第1章　放電・プラズマの概要

1-1　放電・プラズマとは ……………………………………… 2

1-2　高度情報化社会を支える放電技術 ……………………… 4

1-3　垂直磁気記録の発明、製品化と放電技術 …………… 6
　(1)　発明のきっかけはCoCrのスパッタ薄膜 …………… 6
　(2)　ハードディスク、高感度ヘッドにより製品化 ……… 6

1-4　放電現象を利用した放電管 ……………………………… 8
　(1)　定電圧放電管 ………………………………………… 8
　(2)　リレー放電管 ………………………………………… 8
　(3)　表示放電管 …………………………………………… 8
　(4)　水素サイラトロン …………………………………… 9

　　（コラム）表示放電管の長寿命化に関する特許係争 ……… 10

第2章　物質の構成要素と気体

2-1　物質の最小微粒子 ……………………………………… 14
　(1)　分子と原子 …………………………………………… 14

(2) 分子、原子の質量とモル mol およびイオン ･････････････････ 16
　(3) 原子の核外電子 ･･･ 17
　(4) 原子の大きさ ･･･ 19

2-2　電子の3つの顔 ･･ 21
　(1) 電荷をもつ微粒子 ･･･････････････････････････････････････ 21
　(2) 電子波（ド・ブロイ波）･････････････････････････････････ 22
　(3) 自転（スピン）による電子磁気モーメント ･･･････････････ 23

2-3　気体の法則、圧力と分子の熱エネルギ ･････････････････････ 24

2-4　気体分子の速度分布と分子入射束 ･････････････････････････ 27

2-5　平均自由行程 ･･ 30

2-6　圧力の単位 ･･ 33

　　　（コラム）技術革新を支えてきた真空 ････････････････････ 34

第3章　放電プラズマの基礎

3-1　電子と分子の衝突 ･･･ 38
　(1) 弾性衝突 ･･･ 38
　(2) 励起、準安定励起状態、電離 ････････････････････････････ 39

3-2　放電開始 ･･･ 42
　(1) 電離係数 α と初期電子 ･･････････････････････････････････ 42
　(2) 放電開始条件 ･･･ 43

(3) 放電開始電圧の法則とペンニング効果 ································· 44
　　(4) イオンによる2次電子放出 ································· 46
　　(5) 初期電子 ································· 49
　　(6) 耐電圧 ································· 52

3-3　放電の相似則 ································· 54

3-4　駆動速度（ドリフト速度) ································· 56

3-5　グロー放電 ································· 60
　　(1) グロー放電とアーク ································· 61
　　(2) 陰極降下 ································· 61
　　(3) 陽光柱（プラズマ）と器壁電位 ································· 63

3-6　高周波放電 ································· 65
　　(1) 高周波電界による荷電粒子の運動 ································· 65
　　(2) 荷電粒子の捕捉（トラップ）と放電領域 ································· 66
　　(3) 高周波による放電開始 ································· 67
　　(4) RF放電におけるセルフ・バイアス ································· 68

3-7　マグネトロン放電 ································· 71
　　(1) 一様磁場、真空中の電子運動（ラーマーの歳差運動） ······· 71
　　(2) 気体中で電界と磁界が直交するときの電子運動 ················ 73
　　(3) マグネトロン放電の構成と特性 ································· 75

3-8　イオンによるターゲット衝撃 ································· 80
　　(1) スパッタの原理とスパッタ率 ································· 80
　　(2) 反跳 Ar ································· 83

3-9　拡散と再結合 …………………………………………………… 87

　(1)　拡散 ………………………………………………………… 87
　(2)　再結合 ……………………………………………………… 88

　　（コラム）定電圧放電管から連続スパッタ ……………………… 90

第4章　放電プラズマ直接応用

4-1　スパッタ薄膜 …………………………………………………… 94

　(1)　スパッタ薄膜誕生の原点 …………………………………… 94
　(2)　スパッタ装置の基本構成 …………………………………… 95
　(3)　薄膜の成長過程と特性 ……………………………………… 98
　(4)　特殊スパッタ ………………………………………………… 101
　　①　リアクティブ・スパッタ ………………………………… 101
　　②　磁性薄膜を作るマグネトロン・カソード ……………… 104

4-2　プラズマCVD ………………………………………………… 106

　(1)　原理 ………………………………………………………… 106
　(2)　実用装置例 ………………………………………………… 108

4-3　ドライエッチング …………………………………………… 111

　(1)　プラズマ化学 ……………………………………………… 111
　(2)　ドライエッチング技術 …………………………………… 112
　　①　プラズマエッチング …………………………………… 112
　　②　スパッタエッチングまたは逆スパッタエッチング ……… 114
　　③　リアクティブ・イオン（スパッタ）・エッチング ……… 114

4-4　プラズマ・ディスプレイ・パネル PDP ················· 117

　(1) カラー3極 AC 型 PDP の構造 ································· 117
　(2) PDP の原理 ·· 118

4-5　ガスレーザ ·· 121

　(1) 基本原理とガスレーザの種類 ······································· 121
　(2) ガスレーザの細管設計 ·· 123
　(3) 金属蒸気レーザ ·· 125

4-6　ルビジウム Rb 原子発振器 ·· 128

　(1) 動作原理 ·· 128
　(2) Rb 周波数標準器 ··· 130

　　（コラム）世界に発信した国産技術 RIE ·························· 131

第5章　プラズマ・プロセス応用

5-1　垂直磁気記録 ··· 134

　(1) 強磁性体 ·· 134
　(2) 磁気記録史と垂直磁気記録発明[32] ································ 138
　(3) 垂直磁気記録ハードディスク ·· 142
　(4) GMR と TMR 効果 ··· 143
　(5) 垂直用単磁極ヘッドと記録パターン ····························· 147

5-2　超 LSI ·· 149

　(1) 超 LSI の概要 ·· 149

（2）現時点の課題と対策案 SGT ………………………………… 150

　5-3　量子効果デバイス ………………………………………………… 153

　　　（1）量子井戸レーザ ……………………………………………… 153
　　　（2）高速度トランジスタ HEMT ………………………………… 154
　　　（3）超電導量子干渉デバイス SQUID …………………………… 156

　5-4　スピントロニクス ………………………………………………… 159

　5-5　魅力の炭素系物質 ………………………………………………… 162

　　　（1）炭素 C の結合差による異なる物質 ………………………… 162
　　　（2）ダイヤモンド、同擬似炭素 DLC 薄膜 ……………………… 162
　　　（3）カーボンナノチューブ CNT ………………………………… 166

　　　（コラム）日本の誇り垂直磁気記録 …………………………… 171

参考文献 …………………………………………………………………… 174

索　　引 …………………………………………………………………… 177

第1章

放電・プラズマの概要

　ユビキタス社会を支えるストレージ、コンピュータ、ネットワーク、ディスプレイなどの製造はいずれも放電技術が関係し、その土台になっている。たとえば岩崎俊一教授の発明で国内外で製品化された垂直磁気HDDは、その発明のきっかけから製品化にいたるまで放電によるスパッタ薄膜の技術が大きく貢献した。

1-1 ● 放電・プラズマとは

　茶の間を照らす蛍光灯、その放電管にはプラズマが生じている。映画「ミクロの決死圏」はミクロサイズの人間がヒトの体内を冒険するというものであったが、さらに微小な世界になるのでナノ人間を登場させて調べていくことにしよう。**図1-1**は発光している蛍光放電管に入ったナノ人間がプラズマを眺めている図である。正電荷のイオン、負電荷の電子、さらに電気的に中性なガス分子が多数まじり合って、それぞれが動いている。とくに電子は一番小さく軽いため高速でガス分子と衝突し、

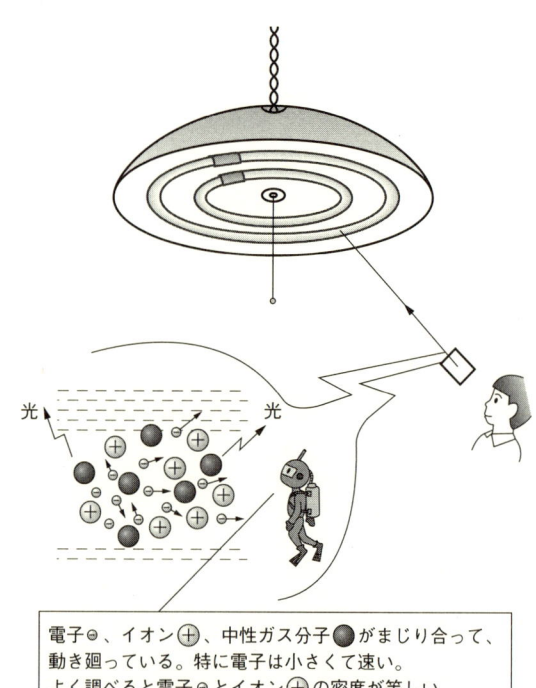

図1-1　発光している蛍光放電管に入ったナノ人間がプラズマを眺める

光を放射したり、新たにイオンと電子を作っている。単位体積内の各粒子の数すなわち密度を調べてみるとイオンと電子は等しい。そこでプラズマは外部に対しては電気的に中性である。

　さて、消えている蛍光灯のスイッチを入れると定常状態のプラズマができるまでの重要な現象（放電開始）が起きる。さらに落ちついて管内にプラズマがあるとき、電極や管の内壁に接する領域はプラズマと相違し電圧降下ができる。気体放電はそれらを含めた総称ということになる。

　雷や極地に出現するオーロラ、通電中のスイッチを遮断するときのスパークなども放電である。さらに、化石燃料に続くエネルギ源として核融合反応を起こすときの巨大エネルギが考えられている。これは非常に高温のプラズマで国際協力による国家プロジェクトとして進められている。これらはその専門書にゆずることとして本書では大気圧以下の実用的に重要な放電を扱うこととする。

1-2 ● 高度情報化社会を支える放電技術

　わが国では1979年までに国内全域をカバーする自動電話通信網が完成した。一方、国内電気メーカーはIBMに追い着き、追い越せと電子計算機（コンピュータ）の開発にしのぎを削っていた。こうした中NECでは小林宏治会長が、通信（Communication）とコンピュータ（Computer）の融合、すなわち「C&C」を社のスローガンにした。いまやパソコン、携帯電話、スイカ、銀行のATM、有料道路インターにおけるETC、病院での電子カルテ、カーナビ、ディジタルカメラといった製品が次々と開発され、スローガンどおりの情報化社会を実現しつつある。

　現在の情報技術を大きくみると、動画など膨大な情報を極めて小さいディスクに記録し瞬時にとり出せるストレージ、情報を高速で運ぶネットワーク、相手を捜すシステム、情報をディスプレイで人に伝えるインターフェースなどといった要素で構築されていることがわかる。とくにストレージについては、きたるべきユビキタス社会を支えるものとして岩崎俊一教授の発明である垂直磁気ハードディスク装置が大きな期待をかけられている[1]。そのほか高密度LSI、各種のディスプレイ装置、光回線、無線タグなどの革新技術が開発されている。

　そこであらためてこれらのキーとなる素子をみるとその単位長が100nmを割った。1 cm^{2}当り10^{10}個以上の高密度であることがわかる。こうした高密度を実現するには、放電技術で作られる各種薄膜が必須になっている。また特殊放電を用い、電波の周波数を固定したり計測用の標準スペクトルとなる放電管、ガスレーザ、プラズマテレビなど放電を直接用いる装置が活躍している。以上を外観すると図1-2に示すようになる。そのほか電子の自転であるスピントロニクスやカーボンナノチューブによるフラットディスプレイFED、一部製品化が実現している有機ELなどが次々と登場している。図1-2に点線で示したこれらの技術につ

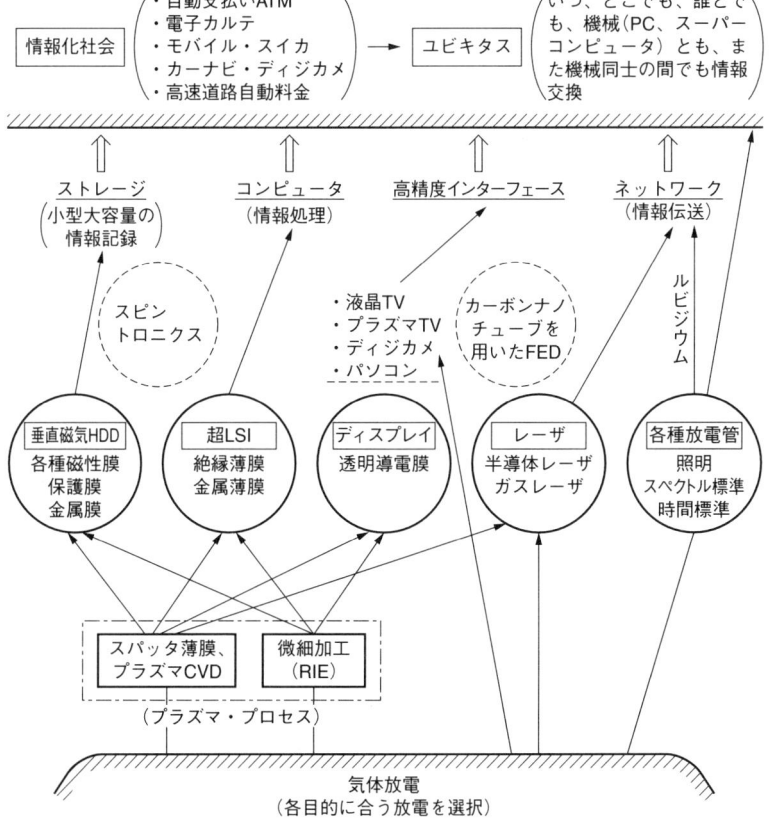

図1-2 高度化する情報社会を支える技術の土台になっている放電技術

いてもスパッタ薄膜にかなり依存することになるだろう。

以上を概括すると、高度な発展を続ける情報産業を放電技術が背負っているということができよう。

1-3 ● 垂直磁気記録の発明、製品化と放電技術

　さて、情報社会に求められるストレージは量・質とも大変重要である。その要求を満たす垂直磁気記録が岩崎俊一教授によって発明され国産製品が出現した。その発明から製品化までに放電技術によるスパッタ薄膜が深く関係しているのでその概要を紹介しよう。

(1) 発明のきっかけはCoCrのスパッタ薄膜

　放電現象を用いたスパッタ装置でCoとCrの合金薄膜を作り、細い線で強い磁界中に吊してみた。図1-3(a)のように普通の磁性膜と異なり面が磁界と直角になって静止したのである。そこで従来の面内記録と違う垂直記録を発想された。よく調査すると(a)右図のように数10 nmというカラムが微小磁石になっている。この記録層の下地に軟磁性層を配した二層構造として安定な高出力を得ること、カラムを磁化する単磁極ヘッド等理論とともに基本構想は発明初期に開発された。カラムの大きさからとてつもない高密度記録が予測された。

(2) ハードディスク、高感度ヘッドにより製品化

　当初フロッピーへの応用として進めたこともあって製品化のめどが立たない期間が続いた。根気よく続けハードディスクに転向し、読取り用に高感度磁気抵抗効果GMRを用い、サーボの開発とともに遂に東芝、続いて米国シーゲート、日立において製品化されていった。そのヘッドを作るときも高性能スパッタ装置が用いられている。

　ハードディスクHDは1956年電子計算機IBM 305として登場し、IBMのコンピュータが世界を席巻した。そのIBM 305と東芝製品の記録容量を模式的に図1-3(b)に示す。直径61 cmという大きなディスク50万枚の

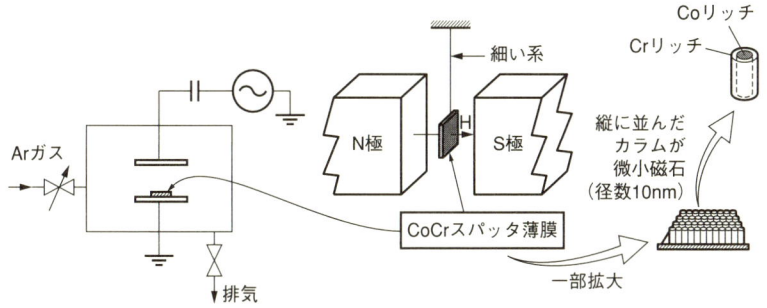

(a) RFスパッタで作られたCoCr薄膜が垂直磁化になる発見

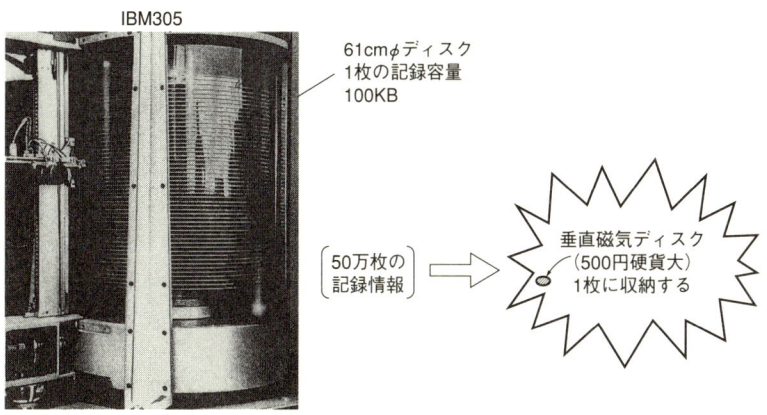

(b) 製品化された垂直磁気HDD（東芝）の威力

**図1-3　垂直磁気記録の発見(a)と製品の威力(b)、
一貫して放電技術が支えた**

情報量をわずか500円硬貨大の垂直HD1枚に収納してしまうのである。しかも現在もさらなる高密度化努力が進行中である。

1-4 ● 放電現象を利用した放電管[2]

　放電現象を利用した製品としてまず挙げられるものに各種の放電管がある。ここではかつてポピュラーに使われていたいくつかの種類の放電管を紹介しよう。

(1) 定電圧放電管
　図1-4(a)に示す電極構造でAr、Ne、Heなどの稀ガスを封入した定電圧放電管が真空管時代の電源に使用された。封入ガスと陰極材料の選択に対応して流す放電電流のある範囲内で陰陽両極間の電圧がほぼ一定になる正規グロー放電（後述）を用いる。その電圧値を規準にして装置の電源電圧を一定に保持する。さらにMoを陰極としスパッタを施したものは特に経時変化が少なく、2次的標準電池とみなされ電圧標準管と呼ばれた。

(2) リレー放電管
　起動極をもつ3極構造（b図）でAr、Neなどを封入したヒーターのない冷陰極放電管である。陰陽両極間にその放電開始電圧と維持電圧の間の電圧を加えておく。起動極に入った信号でまず微弱放電を起こし、これによって陰陽両極間の主放電を誘発する。機械的リレーに代わる電子スイッチとして各種の制御装置に用いられた。

(3) 表示放電管
　0、1、2、……9と数字の形をした陰極10個を独立に管内にとりつけNe、Arを封入した放電管である。選択した陰極の放電発光によりその数字が鮮明に表示される。図cはその一例で、電卓や駅の券売機ほかに広く使用された。スパッタによる短寿命という問題をHgを混入して改

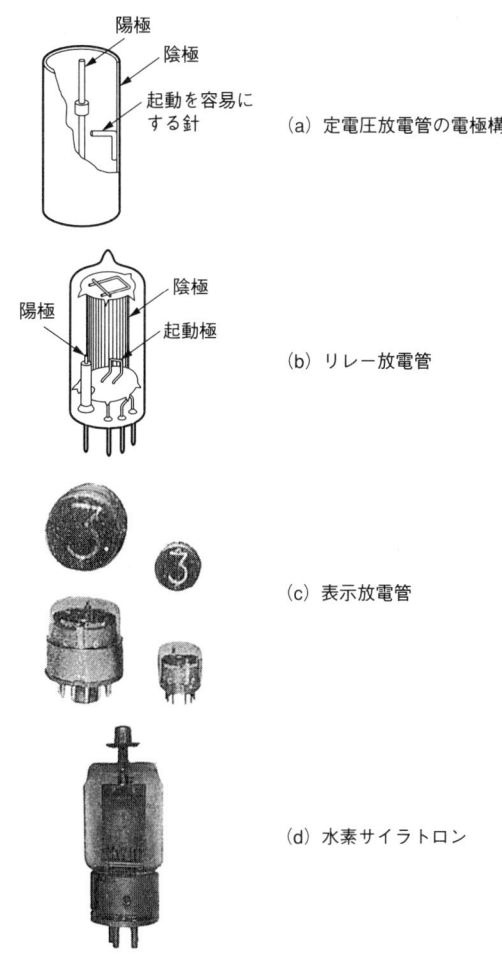

図1-4 役目を果たした放電管の例

善した（後述）。電子ディスプレイのさきがけになったものである。

（4）水素サイラトロン

　熱陰極真空管に Hg や稀ガスを封入したものをサイラトロンと呼ん

だ。ヒーターが必要だがリレー放電管より大出力のスイッチとして使用された。封入ガスを水素にするとそのイオンは軽いので電極を痛めず高速になる。1μs当り数1000Aの急な立ち上がりで幅数μs、出力数100MWのパルスが簡単に得られる。太平洋戦争において威力を発揮した米軍のレーダーはこの水素サイラトロンに負うところが大きいという。図(d)に一例の外観を示すが小型な放電管である。

コラム：表示放電管の長寿命化に関する特許係争

　実用化当初の表示放電管（図1-4(c)）は、その寿命が数100時間で伸び悩んでいた。イオン衝撃によって数字電極がスパッタされ、管壁が黒化し、電極は細くなり遂に断線するというのがその原因であった。
　そこでスパッタに関するドイツの古い文献を思い出した。それによると排気系に水銀拡散ポンプ（今は使用されない）を使用して求めたスパッタ率は極めて小さく物理常数にはならないというのである。そこで普通のガスに微量の水銀を混入したところ数万時間の寿命になり、電卓の普及とともに売上げが伸びていった。

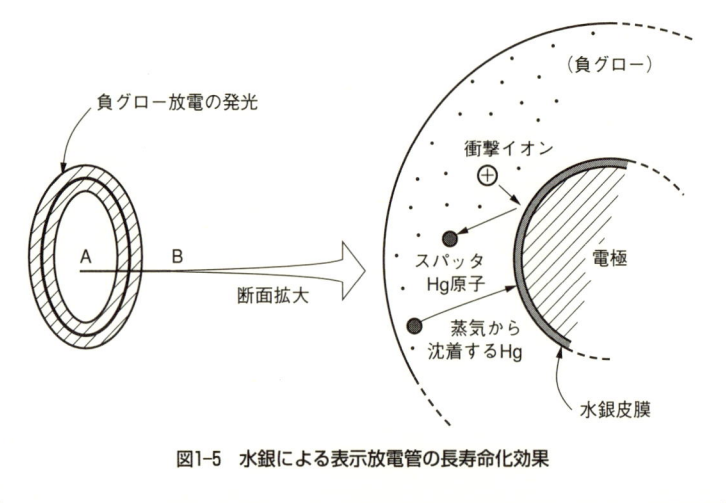

図1-5　水銀による表示放電管の長寿命化効果

ところが、この技術に関して米国のバロース社（現ユニシス）との特許係争が持ち上がった。**図1-5**は著者らの技術的主張を概括したものである。封入した水銀の一部は電極表面に凝縮して保護膜を作る。陰極表面の電位降下で加速されたイオンの衝撃によりスパッタされる原子はその表面にある水銀になる。そのスパッタされた原子は水銀蒸気圧を増加するため再び電極に戻り凝縮する。従って基本の電極は保護されるというものであった。

　一方、バロース社の言い分は、水銀原子は大きく重いのでイオンは管内のこれと衝突しエネルギを失ってしまう。従って低エネルギで陰極に達しスパッタできないということであった。しかし結局、電極表面から水銀が検出され、著者らが勝訴したのであった。

　その後、大変苦しめられたスパッタ現象を逆に利用した薄膜製作装置が生まれた。逆にスパッタレートを上げる技術を開発し、自然界にない薄膜材料が作られ普及していった。

　スパッタ薄膜製作装置の開発を振り返るとき、著者は恩師渡辺寧教授の次の言葉を想い起こす。

　「困ったことができると寝ても覚めても考える。そして返ってすばらしい発見につながる。だから"困ったことができたらしめたと思え"」という教えである。

第2章

物質の構成要素と気体

　放電は気体中で起こる現象なので気体中の原子、分子が条件によってどのようにふるまうかを定量的に把握する必要がある。そこで本章では、物質の構成要素分子と原子をとりあげたい。それらの大きさ、数量単位、内部構造の概念を説明する。特に超LSIや超高密度の垂直磁気記録の時代に入って、電子は従来の電荷をもつ粒子だけでは設計できないことになった。すなわち粒子のほかに波動および最小のスピン磁石としての性質を活用することになったのでその基本概念についても紹介したい。

2-1 ● 物質の最小微粒子

(1) 分子と原子

　身のまわりにある例えば食塩を**図2-1**(a)に示すように、次々に半分にしていくと考えてみよう。この作業は限りなく続けられるのではなく、遂にそれ以上に分けられない1個の微粒子に到達する。もちろん高いエネルギや化学変化を起こさない分け方である。その1個の粒子は、まだしょっぱいという食塩の性質をもっている。これが食塩の分子である。

　物質にはさらに化学的にそれ以上に分けられない基本要素が100数種類あってこれを元素という。その最小微粒子が原子である。分子は原子がいくつか結合したものである。食塩の分子はナトリウム Na 原子1個と塩素原子 Cl 1個が結合した NaCl である。図2-1(b)に数種の例を示

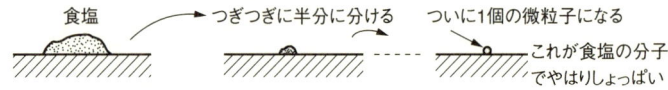

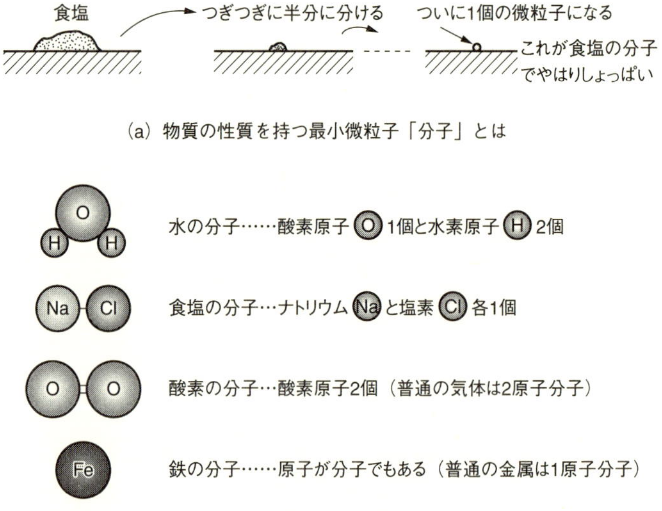

(a) 物質の性質を持つ最小微粒子「分子」とは

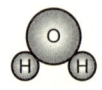　水の分子……酸素原子 ◯1個と水素原子 ⒣ 2個

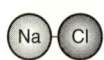　食塩の分子…ナトリウム ⓝa と塩素 ⒸⓁ 各1個

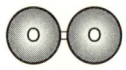　酸素の分子…酸素原子2個（普通の気体は2原子分子）

　鉄の分子……原子が分子でもある（普通の金属は1原子分子）

(b) 原子結合による分子の例

図2-1　分子の概念

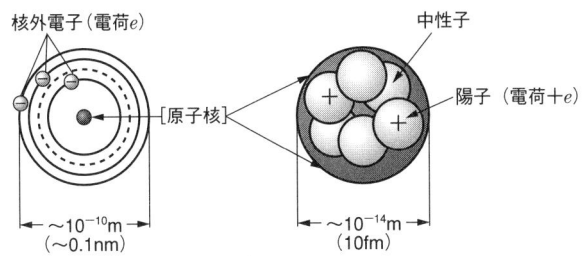

図2-2　原子の概念図

す。酸素は自身の原子2個で分子を形成しているが、普通の気体分子も同様に2原子分子が多い。また鉄は原子と分子が同じで一般の金属も同様である。

　さらに、高エネルギを加えることで原子の内部構造が明らかになった。**図2-2**はその概要を示す。すなわち、中心に原子核があってそのまわりを電子（負電荷 e）がまわっている。原子核の中には陽子（電子と等量の正電荷）と中性子（電気的中性）がある。核外電子の数と陽子の数は等しいので原子は電気的に中性である。現在、物理学の最前線では陽子の内部まで研究されている。

　ここで原子に関する物理用語、記号、常数をまとめておこう。

[電子]　大きさは無視でき、質量（静止）$m_e = 9.109 \times 10^{-31}$ kg、電荷 $e = -1.6 \times 10^{-19}$ C

[陽子]　質量 $m_p = 1836\, m_e$、電荷 $= |e| = 1.6 \times 10^{-19}$ C

[中性子]　質量 $= m_p$、電荷 $= 0$

[原子番号]　原子核内の陽子数（記号 Z）、H：1、He：2、C：6、Si：14など

[核外電子数]　Z 個

[同位元素]　陽子数は同じだが、中性子の数が異なるため原子質量が相違する元素。天然の元素にはわずかな同位元素を含んでいる。大気中の酸素は $Z=8$ で大部分は中性子も同じため質量数（陽子数＋中

性子数）16だが18と17の同位元素がそれぞれ0.2％、0.04％位を含んでいる。

(2) 分子、原子の質量とモル mol およびイオン

原子の質量は、質量数 $A=$（陽子数＋中性子数）から次のようになる。

$$原子の質量 = 原子核質量 (m_p A) + 核外電子質量 \left(\frac{m_p}{1836} Z \right) \fallingdotseq m_p A$$

この実際の値は余り小さくわかりにくいので相対値を決めておく。もし陽子1個の水素を1とすれば便利である。しかし天然の元素には酸素の上記例のようにわずかな同位元素を含むので整数でなく端数が出る。国際的に定められた原子の相対質量を原子量と呼び物理表に示されている。分子はその構成原子の原子量を加算して、原子と同じ規準の相対質量として分子量が得られる。

（例）

　　水 H_2O …… 1（Hの原子量）×2＋（Oの原子量）＝18（ただし端数無視）
　　酸素 O_2 …… 16（Oの原子量）×2＝32（端数無視）

さて、分子量に g（グラム）をつけた値をグラム分子量 mol（モル）と呼び、1 mol 中にある分子数は一定である。

$$\frac{分子量\, g}{分子質量} = \frac{分子量\, g}{分子量\, m_p} = \frac{g}{m_p} = \frac{1}{1836\, m_e} \fallingdotseq 6 \times 10^{23}$$

水素原子量に国際標準を用いると 6.02×10^{23} 個となる。この数をアボ

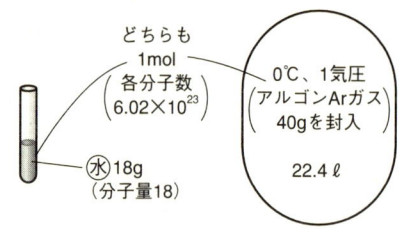

図2-3　水とアルゴンによる mol と分子数の概念

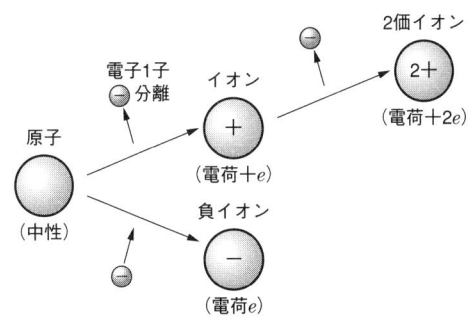

図2-4 原子とイオン

ガドロ数という。いまでは分子に限らずアボガドロ数に等しい数の物理量をmolで表す。**図2-3**に水とアルゴンについて1 molの概念を示す。アルゴンの容積については後述する。

図2-4は中性の原子から電子1個を取り去ると正電荷のイオンに、イオンからさらに取ると2価のイオン（電子電荷の2倍の正電荷）になること、そして逆に外部から電子が原子に付着すると負イオンになることを示している。

(3) 原子の核外電子

原子には核内の陽子と同数の核外電子がある。正電荷と負電荷なのになぜ結合しないで安定でいられるのであろうか？ この疑問の解決に多くの科学者が挑んだ。その結果、原子核のまわりには内側からK、L、M、……と名付けられた飛び飛びの殻があり、かつs、p、d、……という軌道の指定席に乗せると安定だということがわかった。その指定席には1個の電子しか乗れない。

図2-5に代表的な例を示す。最外殻の電子は価電子と呼ばれる。炭素の最外殻をみると4個の電子と4個の空席がある。そのため隣りの原子が近づくと電子4個がお互いに共有された結合をする。アルミニウムの最外殻は価電子3個に対し、空席15だから価電子が離れた方がすっきりし

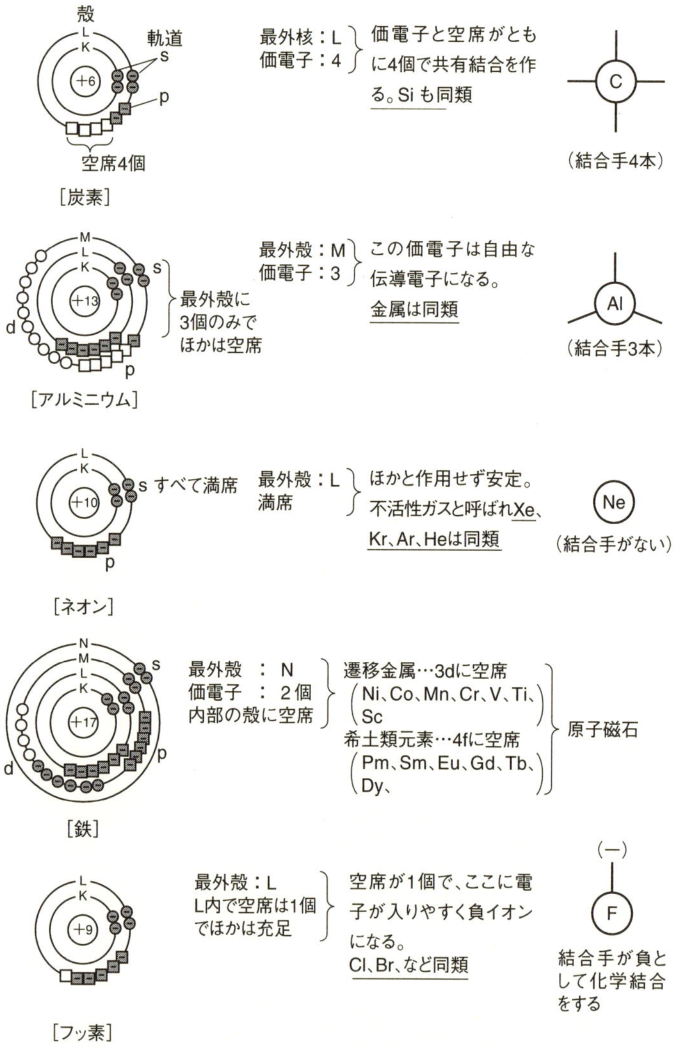

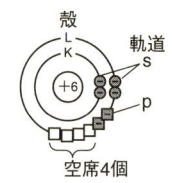

殻
L
K
軌道
s
+6
p
空席4個
[炭素]
最外核：L
価電子：4
価電子と空席がともに4個で共有結合を作る。Siも同類
C
（結合手4本）
M
L
K
s
+13
d
p
最外殻に3個のみでほかは空席
[アルミニウム]
最外殻：M
価電子：3
この価電子は自由な伝導電子になる。金属は同類
Al
（結合手3本）
L
K
s すべて満席
+10
p
[ネオン]
最外殻：L
満席
ほかと作用せず安定。不活性ガスと呼ばれXe、Kr、Ar、Heは同類
Ne
（結合手がない）
N
M
L
K
s
+17
d
p
[鉄]
最外殻　：N
価電子　：2個
内部の殻に空席
遷移金属…3dに空席
（Ni、Co、Mn、Cr、V、Ti、Sc）
希土類元素…4fに空席
（Pm、Sm、Eu、Gd、Tb、Dy、）
原子磁石
L
K
+9
[フッ素]
最外殻：L
L内で空席は1個
でほかは充足
空席が1個で、ここに電子が入りやすく負イオンになる。
Cl、Br、など同類
（ー）
F
結合手が負として化学結合をする

図2-5　原子核まわりの電子軌道と結合手（同一殻だが電子の軌道の差で s…円、p…だ円）

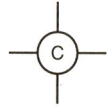

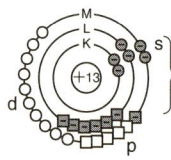

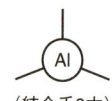

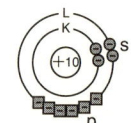

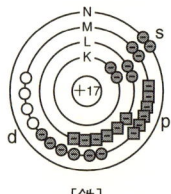

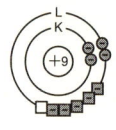

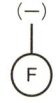

て価電子は伝導電子となって動き電気を流す良導体になる。ネオンは満席で安定した性質を示し不活性ガスと呼ばれている。

普通は核に近いK殻から外側に向かって順に席が満たされるが、鉄は例外で最外殻Nより内側のM殻に4個の空席があり遷移金属と呼ばれている。この内側空席によるアンバランスのため分子の磁性が現れる。フッ素はアルミニウムとは逆に最外殻の空席が1個だけである。従ってここにほかから電子を引き込んだ方が落つく。そして負イオンになる。ハロゲン元素と呼ばれ正イオンとのイオン結合をする。

(4) 原子の大きさ

図2-2に原子、その中心にある原子核のおおよその大きさを桁数で示した。あまり掛け離れた単位が出てくるのでその接頭語を**表2-1**に示しておく。

原子の大きさはX線回折により求められ、各原子の大きさは物理表に載っている。その例を示す。

アルミニウム Al ……… 2.86Å　　ケイ素 Si ……… 4.7Å
鉄 Fe ……………… 2.52Å　　アルゴン Ar ……… 2.82Å
コバルト Co ……… 2.5Å　　水素 H ……… 1.48Å

例えばアルミニウム板の表面に並んでいる原子をナノ人間に見てもら

表2-1　単位につける接頭語

名　称	記　号	倍　数	名　称	記　号	倍　数
ミリ	m	10^{-3}	キロ	k	10^{3}
マイクロ	μ	10^{-6}	メガ	M	10^{6}
ナノ	n	10^{-9}	ギガ	G	10^{9}
ピコ	p	10^{-12}	テラ	T	10^{12}
フェムト	f	10^{-15}	ペタ	P	10^{15}

極微の世界で用いるÅ（オングストローム）は長さの単位で10^{-10}m＝0.1 nm

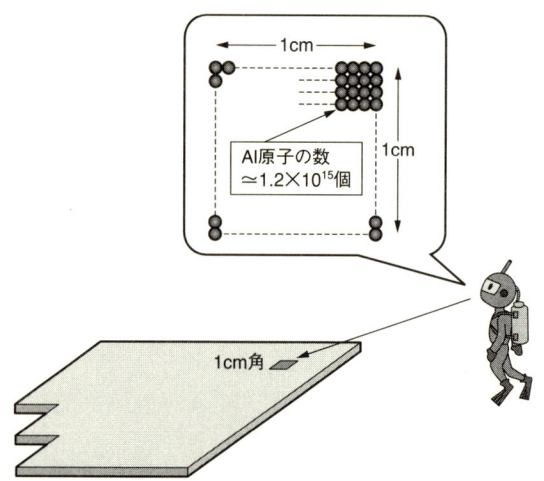

図2-6 アルミニウム板表面の原子の面密度

うと図2-6のようになる。すなわち、1 cm^{2}当り$1.2×10^{15}$個というぼう大な数になる。1-3節の図1-3(b)に示した垂直ハードディスクの1ビットは70 nm×70 nmの面積で原子数でみると次のようになる。

　　　垂直ハードディスク1ビットの面積＝70nm×70nm＝280個×280個（Co）
　さらに1 Tb/in^{2}を目標に研究が進められているが25個×25個の大きさに相当する。

2-2 ● 電子の3つの顔

　原子核をまわる電子を「粒子」として説明してきたがそれでは不十分になってきた。超 LSI や高密度ハードディスクが進歩し、原子数を単位とする技術に入ったのである。この極微の世界では電子が「波」および「最小磁気」の性質を表す。すなわち電子は3つの顔をもつのである。

(1) 電荷をもつ微粒子

　電子は従来、大きさが無視でき、負電荷 e と質量 m_e の粒子として考えればよいとされてきた。例えば1Aの電流は毎秒 $1/e = 6.25 \times 10^{18}$ 個の電子流になる。また加速した電子を原子にあて、電離する現象も粒子として扱えばよいわけである。

　正電荷のイオンも電気の担い手になるが電子との違いを**図2-7**に示す。すなわち、電子は Ar（アルゴン）イオンと比べると質量が7万3千分の1で、同一電圧で加速したときの速度は271倍になる。図1-1で示した蛍光放電管の内部や後述する各種放電管の電流は電子が運んでいると

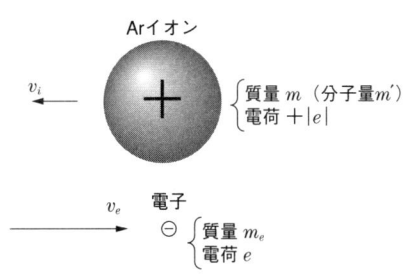

図2-7　電気を運ぶ微粒子電子とイオンの比較

$$v_e = \sqrt{\frac{2e}{m_e}V}, \quad \frac{v_e}{v_i} = \sqrt{\frac{m}{m_e}} = \sqrt{1836 m'} = 271$$

みなせる。イオンはあまり動かないで電子による空間電位を中和しているのである。その電子を加速したときのエネルギをわかりやすくするため1Vで加速した値を単位にする。

eV（電子ボルト）$=1.6×10^{-19}$ジュール

(2) 電子波（ド・ブロイ波）

ド・ブロイによって粒子は波動性をもつことが証明された。エネルギV[eV] の電子波波長 λ_D は次のようになる。

$$\lambda_D[\text{Å}]=\sqrt{\frac{150}{V[\text{V}]}}$$

たとえば室温と平衡している電子は次節で説明するように約$0.037\,eV$で $\lambda_D=64$Å となる。2-1節(4)項から Co 原子なら約25個に相当する。垂直ハードディスクはテラビット Tb/in^2 を目指しているがほぼ同じ大きさである。この波はある距離を進むと散乱して波の性質を失う。エネルギなどにもよるが約10 nm くらいは波と考えられる。それ以内の絶縁膜なら**図2-8**のように波として通過できる。これがトンネル効果である。超LSI のデザインルールがさらに微細化すればこのトンネル効果のため制御不能になる。磁気ヘッドではこれを利用し高感度 TMR が得られる。

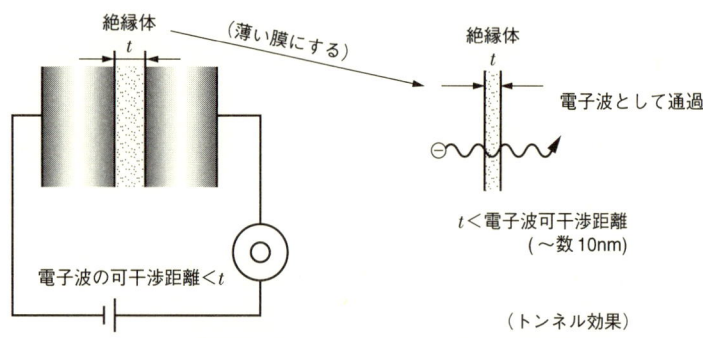

図2-8　電子波の概念・コヒーレント長（波の性質を保つ長さ）内でトンネル効果

(3) 自転（スピン）による電子磁気モーメント

電子は**図2-9**(b)のように自転している。これをスピンという。電荷の回転は環電流に相当する。環電流は磁界を作るが、マグネットの磁極間に置くと電磁力による回転トルクが生じる。これはモータの原理で図2-9(a)に示す。このときの$IS\mu_0$（μ_0は真空中の透磁率で$B=\mu_0H$）を磁気モーメントという。これと同様に原子の軌道電子はせん回運動による磁気モーメントをもっている。さらに進んで(b)図の電子の自転（スピン）も磁気モーメントをもち、スピン磁気モーメントという。すなわち、電子は電気と磁気の素量であって両特性を利用した次世代のデバイスが生まれる可能性が生まれたことになる。現在、この技術はスピントロニクスと呼ばれ、各所で研究開発がはじまっている。

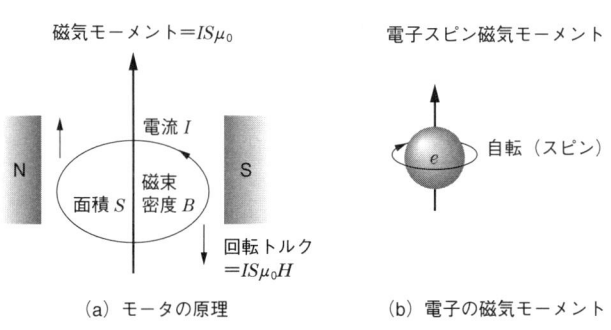

（a）モータの原理　　（b）電子の磁気モーメント

図2-9　電子の磁気モーメントとモータ原理の対比

2-3 ● 気体の法則、圧力と分子の熱エネルギ

　実在する気体が十分希薄で、気体中の分子が他の力を受けず気ままに動きまわっている状態を理想気体という。このとき「ボイル・シャールの法則」が基本になっている。図2-10に示すように容積 V の容器に1 mol の気体を入れたとき温度 T[°K] で圧力 p[Pa] になったとすると次の法則が成り立つ。

　　$pV = RT$

　ただし R は気体常数である。1 mol の分子数（アボガドロ数）N_o を用いて変形すると次式が得られる。

　　$p = \dfrac{N_o}{V} \dfrac{R}{N_o} T = nkT$

　k は分子1個当りの気体常数とみなされ、図2-10に示す物理常数である。そこで圧力と温度から密度 n は表2-2のように求まる。

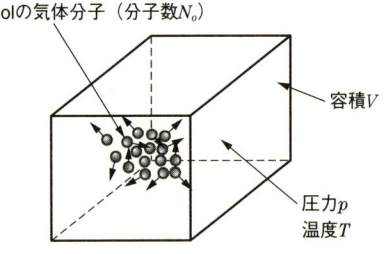

$PV = RT$（R気体常数）……気体の法則
$P = nkT$（kボルツマン常数）
$k = \dfrac{R}{N_o} = 1.3808 \times 10^{-23}$ J/°k
$n = \dfrac{N_o}{V}$ ……分子密度

図2-10　気体法則（ボイル・シャールの法則）

表2-2 気体の分子密度

$$n[個/cm^3] = 7.24 \times 10^{16} \frac{p[Pa]}{T[°K]}$$

ガス温度（℃）	p[Pa]	n[個/cm³]
20	～1000 （蛍光放電管）	2.5×10^{17}
20	10^{-4} （ブラウン管）	2.5×10^{10}
20	10^{-5} （スパッタ装置の背圧）	2.5×10^{9}

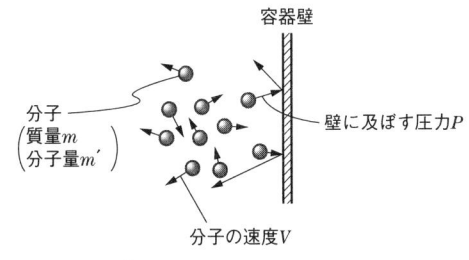

$P = \frac{1}{3} mn \langle v^2 \rangle$ （〈 〉は平均を表す）

・分子の自乗平均速度 $\langle v^2 \rangle^{1/2} = (3kT/m)^{1/2}$
$= 158\sqrt{T[°K]/m'}$ 〔m/s〕

・分子の熱エネルギ $\frac{1}{2} m \langle v^2 \rangle = \frac{3}{2} kT = \frac{T[°K]}{7730}$ 〔eV〕

図2-11 分子の自乗平均速度（熱速度）とエネルギ

　気体分子は**図2-11**のようにたえず無秩序に動き容器の壁に衝突して力を与える。これが圧力で統計的に算出され、次のようになる。ただし $\langle v^2 \rangle$ は速度の自乗平均で m は分子の質量である。

$$p = \frac{1}{3} mn \langle v^2 \rangle$$

これと前の式からエネルギが次のようになる。

$$\frac{1}{2}m\langle v^2\rangle = \frac{3}{2}kT$$

そして、$m = m_e \times 1836\, m'$（m'は分子量）である。そこで、図2-11が得られる。例えばAr分子が20℃の室温では$\langle v \rangle$=428[m/s]、エネルギ=0.038[eV]になる。

さて、標準状態である0℃、1気圧の値を気体の法則に代入するとV=22.4ℓとなる。そこで次の常識が得られる。

1 molの気体は標準状態で22.4ℓ（ニニンガ四）の容積になる

さらに 分子の運動エネルギ$1/2\, m\langle v^2\rangle$は熱と同じである。

2-4 ● 気体分子の速度分布と分子入射束

　気体内である速度 v の分子がどのくらいの割合であるかを考えてみよう。分子はお互いに衝突をくり返し、その都度、速さと方向が変化している。しかし、気体分子は非常に多いので全体でみると速度分布は一定と考えられる。この状態を熱平衡にあるという。その熱平衡での速度分布は**図2-12**に示すマックスウェルの速度分布として知られている。速度 v の平均値 $\langle v \rangle$ も示しているが、エネルギを導いた自乗平均 $\langle v^2 \rangle^{1/2}$ とわずかな違いである。

　さて、**図2-13**(a)に示すように気体内に平面を仮想し、その単位面積を通過する分子数を求めてみよう。これを分子入射束（フラックス）と

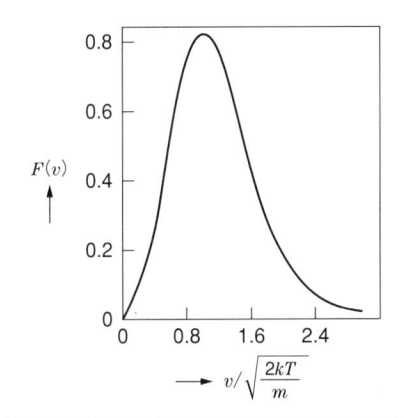

N個の分子からなる気体で速度vと$v+dv$の間の数

$$NF(v)\,dv = 4\pi N \left(\frac{m}{2\pi kT}\right)^{3/2} v^2 e^{-\frac{mv^2}{2kT}} dv$$

$$\langle v^2 \rangle^{1/2} = \sqrt{\frac{3kT}{m}}$$

$$\langle v \rangle = \sqrt{\frac{8kT}{\pi m}}$$

図2-12　マックスウェルの速度分布

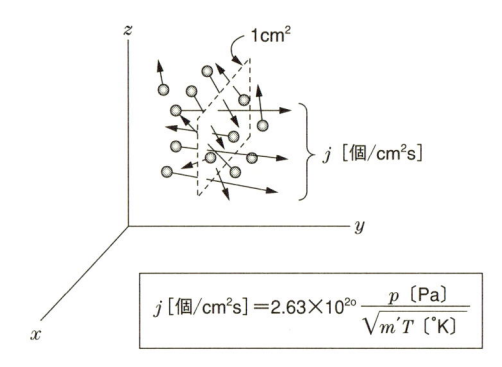

$$j\,[個/cm^2 s] = 2.63 \times 10^{20} \frac{p\,[Pa]}{\sqrt{m'T\,[°K]}}$$

(a) 気体中1cm²面を同方向に毎秒通過する分子入射束

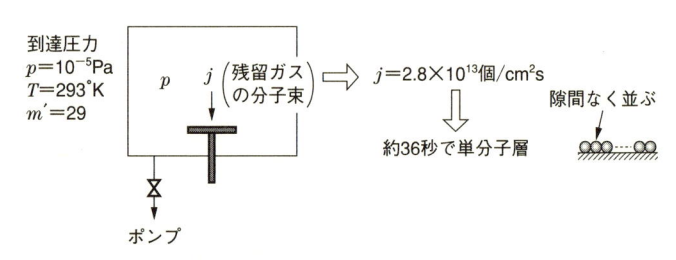

到達圧力
$p = 10^{-5}$ Pa
$T = 293$ °K
$m' = 29$

$j\binom{残留ガス}{の分子束}$ ⇒ $j = 2.8 \times 10^{13}$ 個/cm²s

約36秒で単分子層

隙間なく並ぶ

ポンプ

(b) $P = 10^{-5}$ Pa における基板への残留ガス入射

図2-13 気体中の分子入射束(a)、真空容器内の残留ガスによる基板汚染

呼び $j\,[個/cm^2 s]$ で表すことにする。いま分子密度を n としその全部が揃って一方向に流れるとすれば j は $n\langle v \rangle$ になる。反方向にも同じ量が流れるとみるとその1/2、さらに面と平行で上下に流れるものもそれぞれ同じだから $1/4\,n\langle v \rangle$ になる。この j は真空容器の壁や基板へ入射するものとして重要な値である。

$p = nkT$ から j は次のようになる。

$$j = \frac{1}{4} n \langle v \rangle = \frac{1}{4} \frac{p}{k_e T} \sqrt{\frac{8kT}{\pi m}} = \frac{p}{\sqrt{2\pi m \cdot kT}}$$

各常数を代入すると図2-13(a)の式が得られ、p と気体の分子量 m' および温度から j は計算できる。例えば(b)図に示すようにある真空容

器を10^{-5}Paまで真空にしたときでも$j=2.8\times10^{13}$個/cm^{2}sとなる。一方、図2-6のようにガス分子がアルミニウム分子と同程度の大きさと仮定すると1 cm^{2}の面に10^{15}個並んで単分子層になる。従って真空容器内の基板などの面は約36秒で空気に覆われてしまう。

2-5 ● 平均自由行程

分子同士の衝突について、どのくらいの距離を進むと起きるのかを見てみよう。**図2-14**(a)に示すように一度衝突してから次に衝突するまでの距離を自由行程という。その平均値が平均自由行程（$m \cdot f \cdot p$）である。(b)図は各分子の半径が R の場合で、点線（半径$2R$）の円内に進んできた分子の中心が入れば衝突になる。すなわち、断面積$4\pi R^2$という標的に当たることで、この値を衝突断面積という。平均自由行程を λ とおくと

$4\pi R^2 \cdot \lambda$ ……分子1個が占める体積

その分子密度倍が単位体積になるから次式が成り立つ。

$4\pi R^2 \lambda n = 1$

$p = nkT$ の式から n を p で表すと、

$$\lambda = \frac{kT}{4\pi R^2 p} \quad \rightarrow \quad \lambda = \lambda_0 \frac{T}{p}$$

この λ_0 は各気体によって定まる値で**表2-3**に示す。

図2-14において分子に電子が衝突する場合は電子の半径は無視され衝突断面積は πR^2 で分子同士の1/4になる。すなわち、電子の平均自由行

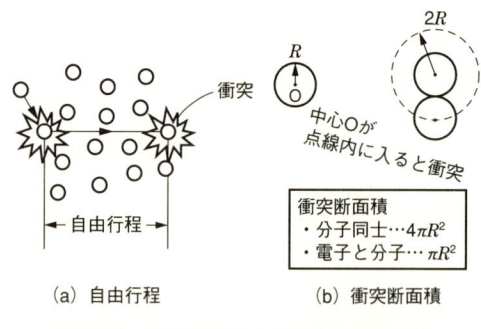

図2-14　自由行程(a)と衝突断面積(b)

表2-3 平均自由行程（分子同士λ、電子と分子λ_e）

$$\lambda[\text{cm}] = \left(\frac{\lambda_0}{p[\text{Pa}]}\right)\frac{T[°\text{K}]}{273}$$

$$\lambda e = \left(\frac{\lambda e_0}{p[\text{Pa}]}\right)\frac{T[°\text{K}]}{273}, \quad \lambda e_0 = 4\sqrt{2}\,\lambda_0$$

気体	分子量	分子直径[Å]	λ_0[cm·Pa]	λe_0[cm·Pa]
He	4	2.18	1.63	9.2
Ne	20.18	2.59	1.18	6.7
Ar	39.94	3.64	0.60	3.4
Kr	82.9	4.16	0.46	2.6
Xe	130.2	4.85	0.335	1.2
H_2	2	2.74	1.07	6.1
N_2	28	3.75	0.55	3.1
O_2	32	3.61	0.61	3.5
H_2O	18	4.6	0.63	3.6
CO	28	4.65	0.56	3.2
空気	29	3.72	0.57	3.2

程をλeとおくと、分子同士のλの4倍になる。さらに電子は速く分子は静止とみなされ$\sqrt{2}$倍になり、結局、次のようになる。

$$\lambda e = 4\sqrt{2}\,\lambda = 5.66\,\lambda$$

表2-3からこれらの値は求められる。

実際の値はどれくらいかをみてみよう。主な真空装置の分子密度、分子入射束、平均自由行程をその圧力から求め**表2-4**に示す。真空ポンプで到達した圧力、すなわち背圧から残っている空気の量を見てみよう。ブラウン管は約10^{-4}Paで、約10^{10}個/cm^3と多くの空気が残っている。しかし電子の平均自由行程は330 mになる。電子銃から蛍光面までの数10 cmの空間は衝突のない真の真空空間と何んら変わらない。オージェ分析装置では入射分子束に注目したい。かなりの真空に保っているが、分子入射束が10^{10}［個/cm^2s］で1 cm^2当り10^{15}という単分子層を形成するま

表2-4 各種装置の分子密度 n、分子入射束 j、平均自由行程 $\begin{cases} 分子-分子\ \lambda \\ 電子-分子\ \lambda_e \end{cases}$

真空装置	p [Pa]	n [個/cm³]	j [個/cm²·s]	λ	λe
蛍光灯	~1000Ar（ほかにHg）	~10^{17}	~10^{21}	~15μm	~85μm
TVブラウン管	~10^{-4}	~10^{10}	~10^{14}	~60m	~330m
オージェ電子分析器	~10^{-8}	~10^{6}	~10^{10}	~500km	~2800km
プラズマテレビ	~数万（Xeほか）	~10^{18}	~10^{22}	~100nm	~550nm
大気圧中	$1.013×10^5$	$2.5×10^{19}$	$2.8×10^{23}$	60nm	340nm

での時間は1昼夜半になる。その影響が表面測定上無視できるようにする。参考のため大気圧の値も示したが分子間の平均自由行程が超 LSI の現在のデザインルールの値に等しい。

2-6 ● 圧力の単位

すでに圧力の単位としてMKS単位のPaを使用してきた。1気圧(atm)および長期間使用されたTorr（mmHgと同じ）との関係を整理しておこう。1643年、トリチェリが水銀の入った長いガラス管をその閉じている端を上に図2-15のように水銀プールに立てると約760 mmで止まりその上部は真空になった。その直後、パスカルがパスカルの法則を発表した。上記トリチェリの実験で760 mmの水銀は大気圧と考えられることになった。そこで水銀柱1 mmに相当する圧力を1 mmHg、後日、1 Torrとして圧力の単位とされた。しかし、MSK系では1 m^2の面に加わる力（ニュートン）が圧力の単位になる。これをもう一人の功労者パスカルの名をとって1 Paとしたのである。水銀の密度は13.6 g/cm^3だから1 TorrをPaに換算すると次のようになる。

$$1 \text{ Torr} = 13.6 \times 0.1 \times 10^4 \times 10^{-3} \times 9.8 [N/m^2]$$
$$= 133.3 [N/m^2] = 133.3 \text{ Pa}$$

したがって各種単位の関係は次のようになる。

> 1 atm＝760 Torr＝101310 Pa＝1013.1 hPa

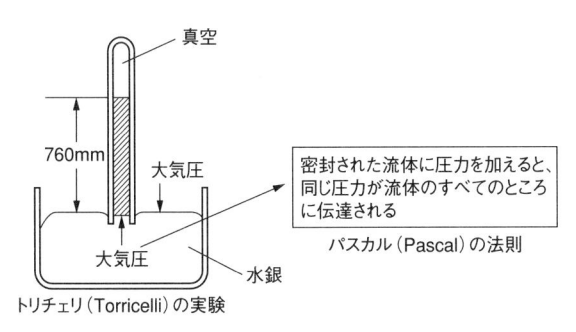

図2-15　真空発見と大気圧の定量化

コラム：技術革新を支えてきた真空

　現在の室内照明は蛍光灯が主流だが、一部にはまだ白熱電球も使用されている。白熱電球は、よく知られているようにエジソンが炭素フィラメントを用いて作ったものが実用化のきっかけになった。しかし真空が悪く多くの空気が残っていたので数10時間でフィラメントは消耗したのであった。その後、油回転ポンプが発明され、多段運転で10^{-2}Paくらいに達し、量産に適するタングステンフィラメントの発明もあって寿命数1000時間で普及していった。

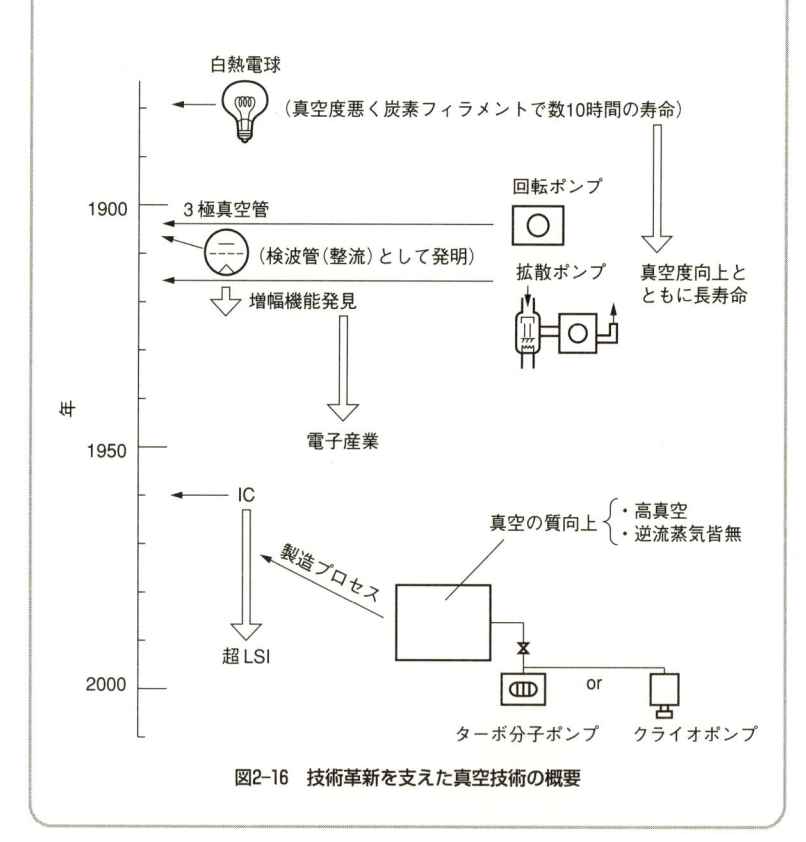

図2-16　技術革新を支えた真空技術の概要

3極真空管は検波管（整流のみ）として発明された。その直後、ラングミューアによる「水銀拡散ポンプ」、続いてK. C. D. ヒックマンによる「油拡散ポンプ」が発明され10^{-4}Paの高真空が得られるようになった。そのため3極真空管の増幅作用が見い出されブラウン管その他が安定に製造できるようになって電子産業が生まれたのである。

　半導体においてもICが量産化された初期、その配線に真空蒸着によるAl薄膜が用いられていた。そしてLSIに進み、蒸着よりスパッタ薄膜の方が膜厚制御などに優れるので替わった。ところが僅な残留ガス、特に水蒸気が膜質を悪化させることが究明された[3]。そしてより真空度がよく、特に水蒸気や油蒸気のない「クライオポンプ」や「ターボ分子ポンプ」を用いLSIを安定に製造できるようになった。

　これからは機能素子、メモリ素子の大きさが分子単位の精度になっていく。真空技術がどのように対応し発展するのか夢はつきない。以上のあらましを**図2-16**に略記しておく。

第3章

放電プラズマの基礎

　電子は動きながらガス分子と衝突するが、そのエネルギが低い間は単なる玉つきの弾性衝突になる。気体中の電界とともにエネルギを増し、ある値になると衝突でガス分子の内部構造を変え、発光のもとになる励起、および電離を起こす。

　本章では、電子と分子の衝突から放電にいたるまでのプロセスと有効な放電を得るための様々な条件を紹介しよう。

3-1 ● 電子と分子の衝突

　電子は気体中で、ガス分子との衝突を繰り返しながら動いている。その衝突間の自由な距離の平均値については2-5節で説明した。その衝突において電子から分子にエネルギが与えられる。そのエネルギの授受は剛体間として行われるときと分子の内部変化を起こす場合がある。前者を弾性衝突、後者を非弾性衝突という。

(1) 弾性衝突

　電子エネルギが分子内部を変えるほど大きくないときの衝突は単なる機械的な玉突きになる。その弾性衝突を模式的に**図3-1**に示す。

　電子が分子の中心に向かう正面衝突について考えよう。電子速度 v_e で静止している分子に衝突したとする。衝突後に電子速度は v_e' に分子は v' になったとしよう。運動エネルギを電子ボルトで表し、次のよう

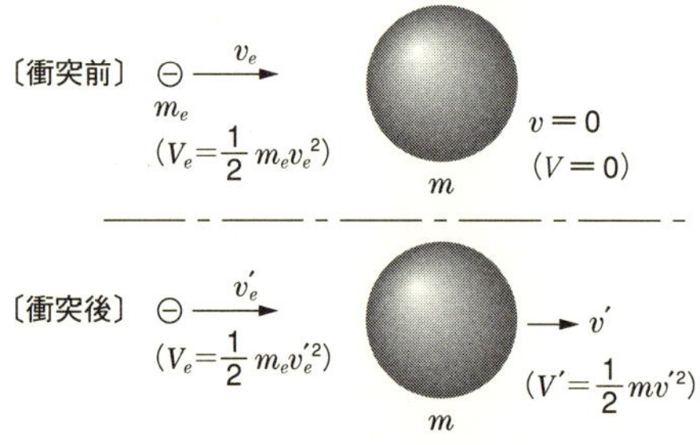

〔衝突前〕 ⊖ $\xrightarrow{v_e}$　　　　　$v=0$
　　　　　m_e
　　　　　$(V_e = \frac{1}{2} m_e v_e^2)$　　m　$(V=0)$

〔衝突後〕 ⊖ $\xrightarrow{v_e'}$　　　　　$\xrightarrow{v'}$
　　　　　$(V_e = \frac{1}{2} m_e v_e'^2)$　m　$(V' = \frac{1}{2} m v'^2)$

正面衝突	$V' = \dfrac{4 m_e m}{(m_e + m)^2} V_e$
全方向衝突平均	$V' = \dfrac{2 m_e m}{(m_e + m)^2} V_e = (V_e - V_e')$
損失係数	$\dfrac{2 m_e m}{(m_e + m)^2} \fallingdotseq \dfrac{2 m_e}{m} = \dfrac{2 m_e}{1836 m_e} = 2.7 \times 10^{-5}$ (Arのとき)

図3-1　電子と分子の弾性衝突

におく。

衝突前　$V_e = \frac{1}{2} m_e v_e^2$、$V = 0$

衝突後　$V_e' = \frac{1}{2} m_e v_e'^2$、$V' = \frac{1}{2} m v'^2$

電子と分子のエネルギの和と運動量の和はともに衝突前後で変わらない。これをエネルギおよび運動量の各保存法則という。これを適用して次式が得られる。

$$V' = \frac{4 m_e m}{(m_e + m)^2} V_e$$

正面だけでなく全方向の衝突を考え、平均すると係数4が2になる。すなわち、1回の衝突で失う電子の平均エネルギは分子の得た値であるから次式が得られる。

$$(V_e - V') = \frac{2 m_e m}{(m_e + m)^2} V_e \doteqdot \frac{2 m_e}{m} V_e$$

$2m_e/m$ を損失係数と呼び、Ar分子については2.7×10^{-5}となり極めて小さい。従って電界を加えると電子は衝突毎に方向は変わるがそのエネルギは次第に増していく。そして遂に玉突きでなく分子の内部変化を起こすようになるのである。

(2) 励起、準安定励起状態、電離

電子エネルギが高くなって分子と衝突し、その内部変化を起こすときは非弾性衝突である。分子の内部構成についてその概要は既に説明した。気体放電における分子の内部変化は最外殻にある電子の変化が大部分で、より内部の殻におよぶことは稀れで、もちろん原子核の変化はない。**図3-2**にその概要を示す。(a)図は非弾性衝突一般を示し、衝突した1次電子は分子が起こす内部エネルギの変化分を失うことになる。(b)左図は最外殻電子がエネルギを得てその軌道がふくらむ様子である。こ

(a) 非弾性衝突

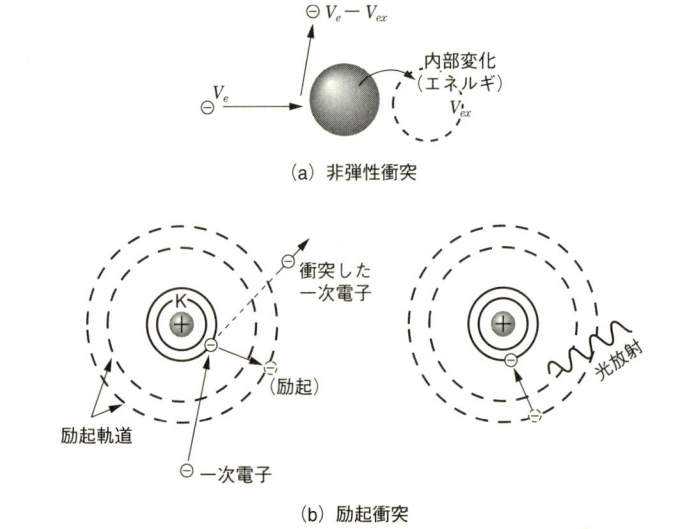

(b) 励起衝突

図3-2 非弾性衝突概要(a)と励起衝突(b)

のふくらみは連続でなく、量子的に飛び飛びの物質固有の軌道で、そのいずれかに入る。このふくらんだ軌道にあるとき励起状態という。この励起状態は非常に不安定で普通10^{-8}秒位で元の安定状態に戻ってしまう。そのとき(b)右図のように軌道間のエネルギ差に相当するエネルギを電磁波（光）として放射する。これが放電の発光である。軌道で表す代わりに簡単にエネルギの高さで示しエネルギ準位図という。**図3-3**はArのエネルギ準位図である。

励起準位の中にはかなり長時間（10^{-2}～10^{-1}秒）安定にとどまるものがあって、これを準安定励起状態という。

さて励起準位以上のある値になると、遂に分子を離れ自由電子となって飛び去り、分子はイオンになる。これを電離という。電離を起こすエネルギ、電子ボルトを電圧で呼び電離電圧という。

表3-1に主な原子の準安定励起電圧、電離電圧をあげておく。

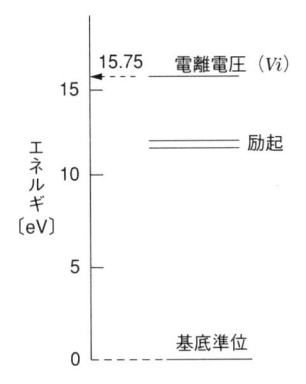

図3-3　Arのエネルギ準位図

表3-1　主な原子の準安定励起電圧と電離電圧

原子	準安定励起電圧 V_m[eV]	電離電圧 V_i[eV]	原子番号 Z
H		13.59	1
He	19.8 20.96	24.58	2
Ne	16.62 16.72	21.55	10
Ar	11.53 11.72	15.75	18
Kr	9.82 10.51	13.96	36
Xe	8.28 9.4	12.12	54
Li		5.39	3
Cs		3.87	55
Hg	4.67 5.47	10.42	80
N		14.51 15.58 (N_2)	7
O		13.57 12.07 (O_2)	8

第3章　放電プラズマの基礎

3-2 ● 放電開始

　陰極と陽極からなる管球に圧力 p のある気体を封入した放電管を考えよう。両極に電圧を加え徐々に上げていくと、検出できないくらいの微弱な電流からある電圧値で突発的に増大し、管内は発光する。これが放電開始でその電圧値を放電開始電圧という。その機構について考察しよう。

(1) 電離係数 α と初期電子

　電子エネルギが電離電圧以上になると電離を起こすが、ある確率がある。放電現象に重要な因子は確率を含んだ記号 α で表す電離係数である。この α の定義は1個の電子が電界方向に単位長さ（1 cm）進むときに起こす電離数である。**図3-4**(a)に示してあるが同時に太陽光や宇宙線など自然界の影響によって作られている電子を初期電子という。直射日光を受けている大気中には 10^5 [個/cm³] 位あるといわれている。一度電離するとイオンのほかに電子も1個増し次々に増加していく。距離 x における電子密度を n とおくと微小距離 dx 間に増す電子の量 dn は $n\alpha\,dx$ になる。

すなわち、

$$dn = \alpha n\,dx$$

　この積分を行い、初期条件 $x=0$ で $n=1$ とすると

$$n = e^{\alpha x}$$

となる。この指数関数で増加していく電子増加を「電子なだれ」(b)という。

　いま(c)図のように平均自由行程 λ_e の距離で考えてみよう。

$$\lambda_e \text{を進む間の電離数}\cdots\cdots \alpha\lambda_e = \frac{\alpha}{p}\lambda_{eo} \quad \left(\text{ただし } T=273\,°\text{K 一定}\atop\text{と仮定する}\right)$$

第3章 放電プラズマの基礎

(a) 初期電子と電離係数 α

(b) 電子なだれ
$dn = n\alpha dx$
$n = e^{\alpha x}$
電子なだれ

(c) $\dfrac{\alpha}{P}$ が $\dfrac{E}{P}$ の関数

$V_e = E\lambda_e$

電離数 $\alpha \lambda_e \left(\lambda_e = \dfrac{\lambda_{eo}}{P}\right)$ は V_e の関数

$$\dfrac{\alpha}{P} = f\left(\dfrac{E}{P}\right)$$

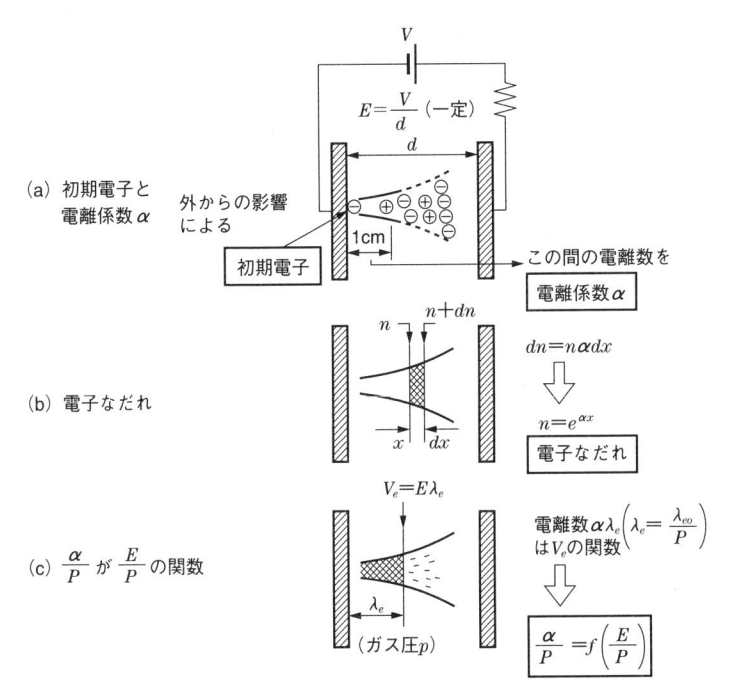

図3-4 初期電子、電離係数 α、電子なだれ、α と E の関係

λ_e 進んで電界から得るエネルギ……$V_e = E\lambda_e = \dfrac{E}{p}\lambda_{eo}$

発生する電離数は V_e の関数だから次式が導かれる。

$$\dfrac{\alpha}{p} = f\left(\dfrac{E}{p}\right)$$

代表的な気体に関する実験式が求められている。

(2) 放電開始条件

図3-5(a)は電子なだれが陽極に達した瞬間である。電子はみな陽極に入り、遅いイオンは空間に残っている。しかし電界により陰極に加速される。そして陰極面から2次電子を引き出す。イオン1個で2次電子を放

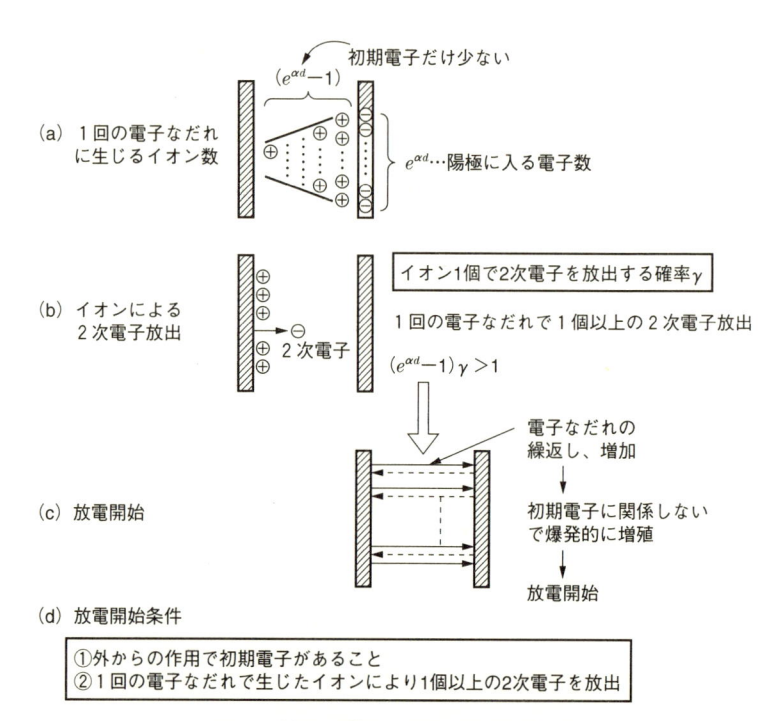

(a) 1回の電子なだれ に生じるイオン数　$(e^{\alpha d}-1)$　初期電子だけ少ない　$e^{\alpha d}$…陽極に入る電子数

(b) イオンによる 2次電子放出　2次電子　イオン1個で2次電子を放出する確率γ　1回の電子なだれで1個以上の2次電子放出　$(e^{\alpha d}-1)\gamma > 1$

(c) 放電開始　電子なだれの繰返し、増加　初期電子に関係しないで爆発的に増殖　放電開始

(d) 放電開始条件
　①外からの作用で初期電子があること
　②1回の電子なだれで生じたイオンにより1個以上の2次電子を放出

図3-5　放電開始までの過程と開始条件

出する割合をγとおく。このγは陰極材料とイオンの種類によって決まる定数とみなされるが後述する。

　さて、なだれ$e^{\alpha d}$に対しイオン数は最初の1個だけ少ないから$(e^{\alpha d}-1)$個である。そこで図(b)のように2次電子が1個以上なら電子なだれは初期電子に関係なく続いて増加する。これが放電開始である。従って放電開始条件は(d)のように2つの項目を満たすことである。この第1項の初期電子を忘れていることが多いが大事な要素なので後述しよう。

(3) 放電開始電圧の法則とペンニング効果

　放電開始電圧（記号V_s）は昔から非常に多く調べられてきた。
　その多くの実験から同じ気体と陰極材料に対し、ガス圧pと電極間

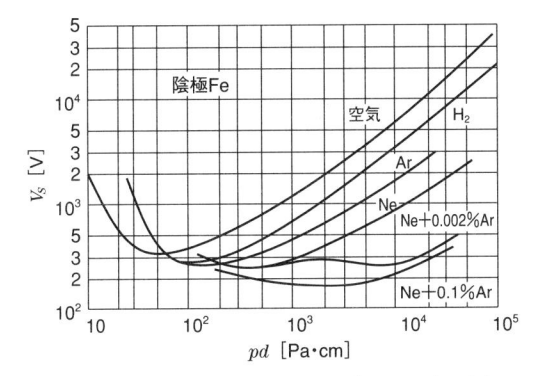

(a) パッシェンの法則の例[4]（平行平板電極）

(b) 注目点

・V_sはpdに対しV-字形特性
・V_{Smin}となる$(pd)_{min}$は約100Pa·cm
・空気の大気圧、1cm（約10^5Pa·cm）で30KV強
・Neに僅かなAr混入で、Ne、ArのV_sより1桁低下

図3-6　パッシェンの法則

距離 d の積 pd に対して V_s をプロットすると1つの曲線になった。その発見者の名から「パッシェンの法則」と呼ばれている。図3-6にその例を示す。いずれもV-字形特性でその極小値は pd が100 Pa·cm前後で生じている。V_s を下げる条件として覚えておくと便利である。空気に対しては1気圧、1 cmギャップで約30 KV強である。また、高密度配線になって線間ギャップが5～10 μm になったとすると図から約300 Vで放電を起こしショートすることがわかる。

図(a)でNeに0.1%のArを混入したことで、NeとAr各単一ガスのときより pd の値によっては V_s が1/10に低下してしまう。これは2段階電離として知られる「ペンニング効果」のために生じるのである。

図3-7で説明しよう。第1段階では電子の衝突でNeの準安定励起原子

[第1段階] ⊖ → Ne ⇒ Ne* V_{mNe} ⊖

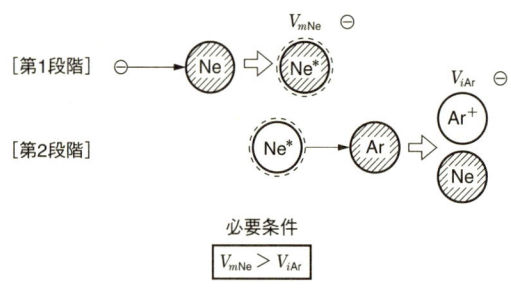

[第2段階] Ne* → Ar ⇒ Ar$^+$ V_{iAr} ⊖ Ne

必要条件
$V_{mNe} > V_{iAr}$

図3-7　ペンニング効果

表3-2　ペンニング効果を起こす組合せの例

2種の気体と各 V_m、V_i	応用
Ne ＋ Ar (V_m=16.62 V)　(V_i=15.75 V)	表示放電管ほか
Ar ＋ Hg (V_m=11.5 V)　(V_i=10.4 V)	蛍光放電管ほか
Ne ＋ Xe (V_m=16.62 V)　(V_i=12.12 V)	プラズマテレビ PDP

Ne*が作られる。第2段階でこの準安定原子がArと衝突してこれを電離し自身は安定なNe原子に戻る。第1段階と第2段階の確率はともに高く効率よくイオンを発生する。その結果 V_s は低下するのである。その必要条件は図にあるように準安定励起電圧 V_m が相手原子の電離電圧 V_i より僅に高いことである。その気体の組合せとして使用されている例を**表3-2**に示す。いずれも V_s を下げるためで各種の放電管ではNe＋Ar、蛍光放電管でAr＋Hg、そしてプラズマTVのPDPにはXe＋Neが用いられている。

(4) イオンによる2次電子放出

図3-5において電子なだれが繰り返すためにはイオンによる陰極から

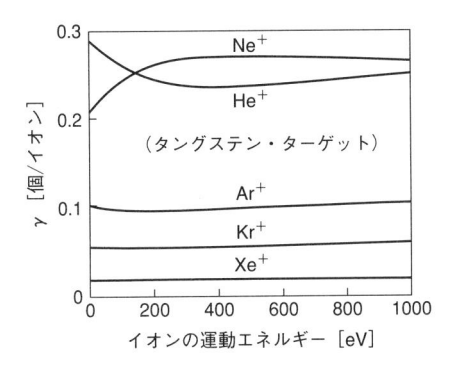

図3-8 衝撃イオンエネルギとWの電子放出の割合γ（Hagstrumの実測値[5]）

の2次電子放出が必要であった。1個のイオンで放出される割合を記号γで表したが、放電開始に限らず放電中も重要なはたらきをもっている。そこでこのγの概要を説明することにしよう。

H. D. Hagstrumらは10^{-8}Paほどの高真空中で各種のイオンビームをW、Mo、Ta、Ptなどにあて、直接γを求めた。その一例を図3-8に示す[5]。要点は次の通りである。

(イ) 1000Vくらいまでの範囲ではγはほぼ一定である。
(ロ) 陰極面にガス吸着をしたり、汚れている状態では低エネルギでのγは(イ)より低く、高エネルギ側で(イ)より大きい。
(ハ) 電離電圧の低い重いイオンほどγは小さい。
(ニ) 同種イオンでは多価イオンほど、たとえばNe^+より2価のNe^{++}の方がγは大きい。

などである。これらの結果から、γはイオンの運動エネルギでなく、そのポテンシャルエネルギV_iに関係することが分った。その放出機構の概要を図3-9に示す。金属内では伝導帯の電子が外部に出られないようにした障壁φ[eV]がある。これを仕事関数という。外から加熱してその熱エネルギを得た電子がφを越えて放出する場合が熱電子放出でブラ

$V_A = \phi + V_e$

伝導帯の電子が遷移してイオンを中和
その落下エネルギを得た電子が放出

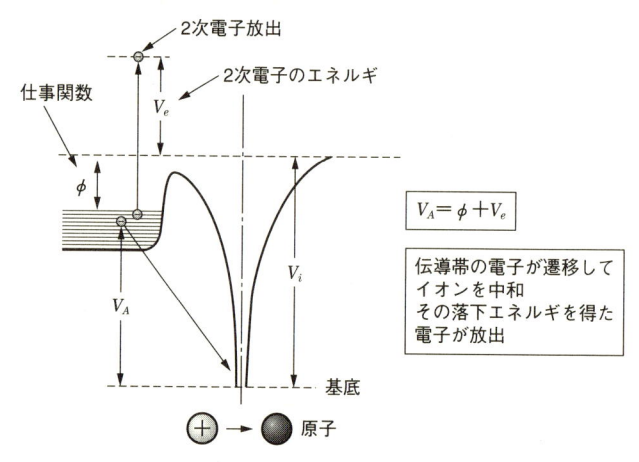

図3-9 金属に接近したイオンによる2次電子放出機構

ウン管などに用いられている。さて、イオンが金属表面に近づくと伝導帯のある電子はトンネル効果でイオンに達しこれを中性の原子にする。その電子が落下した V_A というエネルギ差は図3-2のような放射線にならないで伝導帯表面の電子に与えられる。V_A が φ 以上なら放出され $V_A - \varphi$ というエネルギをもっている。このように電子が落下するときのエネルギ差を表面電子が受けとって放出されることを「オージェ」効果という。放出電子はオージェ電子でこれがイオンによる2次電子である。図3-9のほかにイオン→準安定原子→原子という過程を経て放出するときもある。これらの確率、すなわち伝導帯電子がイオンに落下する確率が理論的に計算された。武石喜幸博士の計算例を**表3-3**に示す[6]。BaO は一種の半導体で仕事関数が低く、真空管に多く使用されてきた材料であ

表3-3 γの計算値例（武石喜幸[6]）

陰極	He$^+$	Ne$^+$	Ar$^+$	Kr$^+$	Xe$^+$	エネルギ
Ni	0.159	0.128	0.0506		0.0057	数 eV
BaO	0.481	0.48	0.476	0.474	0.471	数 eV

る。表からどのイオンに対しても0.5に近いγを示している。MgOも同じに考えられ、プラズディスプレィパネルPDPに使用されている。

(5) 初期電子

放電開始はまず、外部からの作用によって陰極表面に初期電子が作られていて電子なだれに成長することであった。往々にしてこの初期電子は忘れられがちで困乱のもとになる。その問題に遭遇し、初期電子を解明し対策を施された例[7]を略記しよう。

1960年頃の半導体はまだ安定していないのでリレー放電管(図1-4参照)がヒーターのない電子スイッチとして使用されていた。そしてある得意先で次の問題が生じた。暗黒の箱内に入れて使用されたときのことである。暗黒のまま数日経過すると動作しない。普通に明るい室内にとり出して調べると正常な動作が確認され再び暗箱に収納し時間が経過すると動作しないということであった。

図3-10(a)の構造でNe＋Ar数％のペンニングガスを数1000 Pa封入したものである。陽極Aと陰極Kの間に放電開始電圧V_Sより低く開始後の維持電圧より高い電圧を加えておき、G極にパルス信号が入るとGK間に微小放電が生じ、AK間の主放電を誘発するものである。これが暗い箱の中で動作しないということはGK間の放電開始ができないためである。そこでこのGK間の放電開始測定を行った。供試管は金属製アダプタに挿入し、完全暗黒状態にして所定の放置時間τ_rを経過したのち、そのままで(b)図の回路により実測する。すなわちGK間に単一関数波形の電圧を加え、放電を起こし電流が立上がるまでの時間を電子計数器(分解能1μs)で測定する。その放電開始時間τ_iを20～100回求めて平均をとり、平均放電時間$\langle\tau_i\rangle$とした。このとき前の放電を停止してから次の電圧印加までを放置時間τ_rとして暗黒中に放置した影響を求めた。供試管の自然光のもとでの放電開始電圧76 Vに対し、印加電圧は100 Vで通電時間1秒、放電電流2.3 mAであった。その暗黒放置時

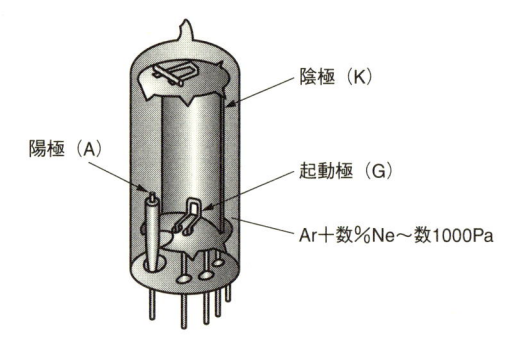

(a) 供試管（リレー放電管）

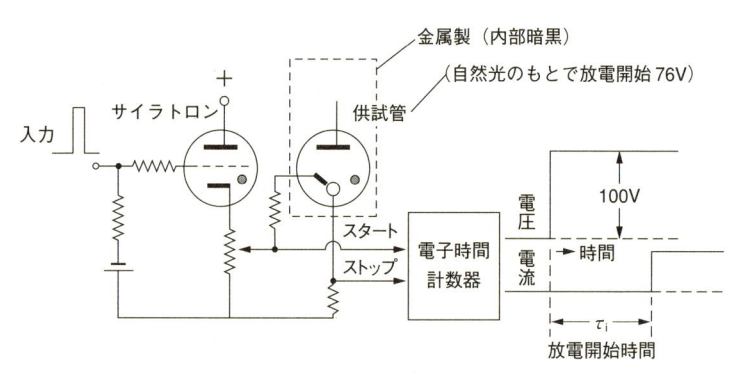

(b) 測定回路

図3-10 初期電子実験[7)]

間に対する平均放電開始時間として**図3-11**が得られた。すなわち、$\langle \tau_i \rangle$ は τ_r が10時間くらいまでは τ_r に比例して急増し、10数秒の値に漸近する。暗黒中で半日以上経過すると初期電子は再結合をして消えてしまうのである。1秒間に発生する初期電子数を N としよう。また初期電子1個が放電を起こす確率は印加電圧100 V（自然光のもとで放電開始電圧76 V）で γ の値から求められ約0.4〜0.5になる。そこで平均放電開始時間 $\langle \tau_i \rangle$ は次のようになる。

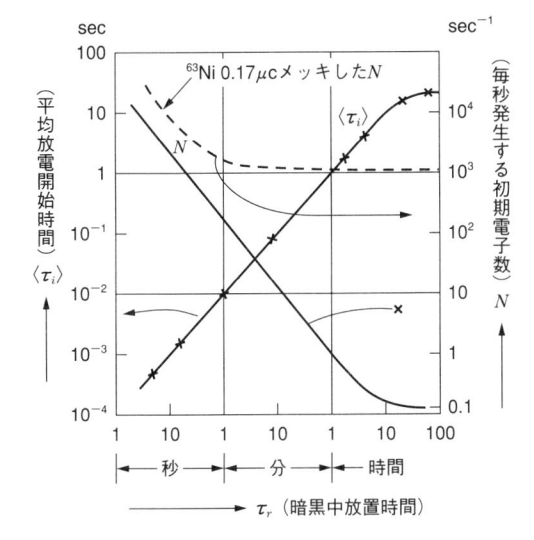

図3-11 暗黒中に放置した時間 τ_r と放電開始時間の平均 $\langle \tau_i \rangle$ および毎秒生ずる初期電子数 N
（点線は RI メッキによる改良）

$$\langle \tau_i \rangle = \frac{1}{(0.4 \sim 0.5)N}、 故に N \fallingdotseq \frac{2}{\langle \tau_i \rangle} として算出できる。$$

　図3-11には $\langle \tau_i \rangle$ と N を一緒に示すが、暗黒中に10時間放置すると初期電子の発生はほとんどなくなっている。パルス信号による動作はできないのである。放電開始の遅れ時間が問題とされた時代には τ_i を統計的遅れ時間と呼んでいた。そこで常時電子を放射するアイソトープ RI が使用された。製造その他で安全な ^{63}Ni が用いられ、上記と同じ実験を行いその所要量が求められた。図3-11の点線はその改良球の N で暗黒初期に少し低下するだけである。^{63}Ni は半減期125年、最大エネルギ67 KeV の純 β 線である。放電管電極の一部に ^{63}Ni のメッキを施し、安全で常時所要の初期電子を得ることができた。このようにして暗黒中でも確実な動作が得られ暫くの間実用されたのである。

　RI 以外の対策として、放電管内に極めて微弱な放電を常時発生させ

拡散で豊富な電子を作る方法がある。この微弱放電をキープアライブという。1956年当時の電電公社通研でパラメトロン式電子交換機が開発され、そのパワー管としてGCR放電管が用いられた。この放電管はキープアライブを用い、その拡散電子を制御するものであった[2]。

(6) 耐電圧

デバイスや装置はすべて、電気の通路と電気の漏れを防ぐ絶縁によって作られている。(3)項で述べたように大気中では1 cm 当り30 KV になると放電を起こす。従ってギャップを1 cm 以上に増せば耐圧30 KV 以上になる。高密度配線では5〜10 μm で約300 V になることもすでに述べた。さらにギャップで電界が一様でないとパッシェンの法則より低い電圧で放電を起こす。このように放電を防止する構造は耐電圧対策として重要な課題である。ここで注意したいのはスパッタなど各種の真空装置内での耐電圧についてである。パッシェンの法則で V_{smin} に相当する $(pd)_{min}$ より pd が小さい場合になるからである。このときは p か d を増すと返って放電開始電圧が低くなる。pd が小さいときは電子のエネ

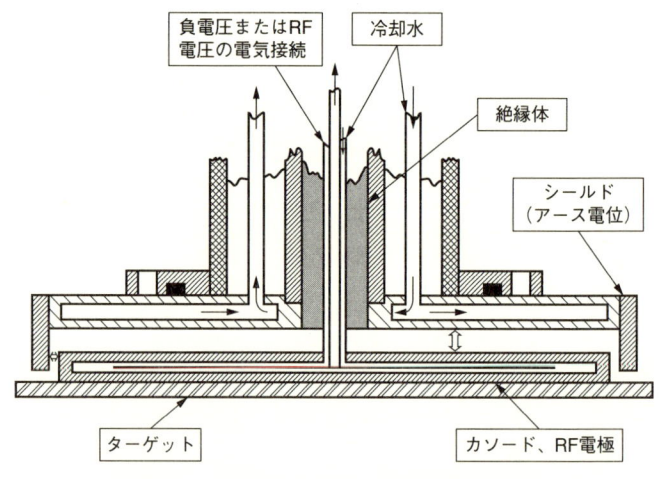

図3-12 耐電圧を増す RF 電極の断面構造

ルギが増えてもギャップ内での衝突回数が少なくイオンの発生が減るのである。耐圧を増そうと大気圧中の常識でギャップを大きくすると低下してしまう。**図3-12**は後述する RF スパッタのカソード構造である。⇕印で示すギャップはできるだけ狭めた方がよい。しかし、電極からガス放出があれば pd が増すので放電を起こす。電極に手垢や汚物がついているときもガス化するだろう。したがって電極は十分な表面処理と同時に前もってガス放出を施すとよい。そのほか表面に突起があれば電界が集中してパッシェンの法則より低下する。表面は平滑に仕上げ、狭ギャップで前処理を行うことが必要になる。一時期使用されたガス入り整流管において陽極が負電圧のときは耐電圧が重要であった。耐電圧が破れたときは陽極から管壁に沿って長い通路の放電をする状況が目視されたのであった。バックファイアと称し、大きな技術問題であった。

3-3 ● 放電の相似則

図3-6は放電開始電圧に関するパッシェンの法則であった。これから**図3-13**のように電極間距離 d を1/10に縮小したいときはその封入ガス圧力を10倍に増加すれば同じ特性が得られることになる。すなわち、放電空間の寸法は次のように考えられる。

> 実際の長さと圧力の積 pd をもって放電空間の寸法とみなせる。

これを相似則というが設計上非常に重要である。すでに述べた表示放電管はパネルに応じて大きさの違う各種製品が作られたが、ほぼ相似則に従ったガスを封入していた。

もう少し掘り下げて考えてみよう。放電は電子がガス分子と衝突して起こす現象に基づいたものだから平均自由行程を長さの単位に用いる方がよい。平均自由行程は2-5節で述べた。いま、ガス温度が多少変化してもその絶対温度は $T=273+t℃$ で余り大きな変化でない。そこで平均自由行程 λ_e を圧力 p だけの関数と仮定しよう。

$$\lambda_e = \frac{\lambda_{eo}}{p} \quad (\lambda_{eo}：常数で0℃の値として表2-3に示した)$$

実際の距離 d は λ_e を単位にとれば、次のように pd の積になる。

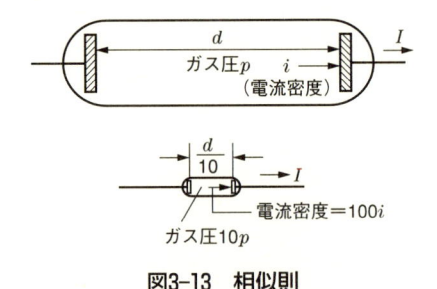

図3-13 相似則

$$\frac{d}{\lambda_e} = \frac{1}{\lambda_{eo}}(pd)$$

次に放電電流 I が半径 R の円形断面を均等に流れると仮定したとき、その電流密度 i を考えてみよう。

$$\text{電流密度} = \frac{I}{\pi R^2} \Rightarrow \frac{I}{\pi(pR)^2} = \frac{I}{\pi R^2} \cdot \frac{1}{p^2} = \frac{i}{p^2}$$

i/p^2 が相似則の他の要素である。

電子のエネルギにも相似則が考えられる。電界 E の方向に λ_e 進んだとき電子が電界から得たエネルギは次のようになる。

$$E\lambda_e = \lambda_{eo}\left(\frac{E}{p}\right)$$

すなわち、E/p が電子のエネルギを決める要素である。

以上から放電は次の要素から導かれることになる。

> 寸法……pd
>
> 電流密度……$\dfrac{i}{p^2}$
>
> 電子エネルギ……$\dfrac{E}{p}$
>
> 持続条件……γ と ad

3-4 ● 駆動速度（ドリフト速度）

電子とイオンは2-4節で説明したように気体中でガス分子とたえず衝突を繰り返しその都度方向が変化している。それぞれがガス分子同様のマックスウェル速度分布をもつ熱運動をしているのである。その状態で外部から電界 E を加えた場合を考えてみよう。マックスウェルの熱運動をしながらもイオンは電界方向に電子は逆方向にそれぞれ流される。その流れの速度を駆動速度（ドリフト速度）という。この駆動速度はすべての平均値をもった1個の電子で代表できると考えられるだろう。まず、ガス分子との衝突直後は360°各方向に等しい確率で散乱するとみなされるから E 方向に対し初速度は0とみなされる（図3-14(a)）。電子について考え、平均自由行程 λ_e を過ぎる時間の平均は熱速度平均値 $\langle v_e \rangle$ から(b)図のように、

$$\tau = \frac{\lambda_e}{\langle v_e \rangle}$$

となる。一方、電子は電界から eE（電荷×電界）の力を受ける。力は加速度と質量の積だから、加速度 a は次のようになる。

$$a = \frac{eE}{m_e}$$

加速度と通過時間の積は速度になるから λ_e を過ぎたときは次の速度になる。

$$v_D = a\tau = \frac{e\lambda_e}{m_e \langle v_e \rangle} E$$

λ_e 間の平均速度は $v_D/2$ となる。一方、λ_e でなく各自由行程毎の v_D を求めて平均すると、λ_e 一定としたときの2倍になるから結局上式の v_D になる。これが駆動速度でその E に対する比例常数は図3-14下わくに示した易動度という。v_D は E/p に比例するが、或る限界を過ぎると（E

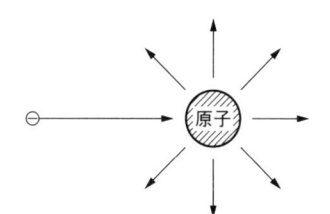

(a) 衝突後の速度方向は全方向
⇒衝突直後E方向初速度0

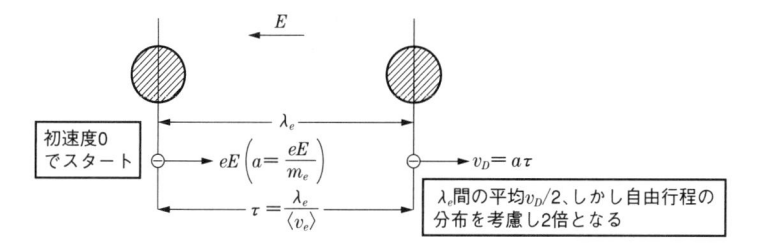

初速度0でスタート　$eE\left(a=\dfrac{eE}{m_e}\right)$　　$v_D=a\tau$

λ_e間の平均$v_D/2$、しかし自由行程の分布を考慮し2倍となる

$\tau=\dfrac{\lambda_e}{\langle v_e \rangle}$

(b) 加速度a、λ_eの通過時間τ、駆動速度v_D

$$v_D = a\tau = \dfrac{e\lambda_e}{m_e\langle v_e \rangle}E = \mu_e E$$

$$易動度 \quad \mu_e = \dfrac{e\lambda_e}{m_e\langle v_e \rangle} = \dfrac{\mu_{e0}}{P}$$

$$\mu_{e0} = \dfrac{e\lambda_{e0}}{m_e\langle v_e \rangle}, \quad v_D = \mu_{e0}\dfrac{E}{P}$$

図3-14　気体中の駆動速度（ドリフト速度）と易動度

$/p)^{1/2}$に比例するようになる。E/p が増すと電子の熱エネルギが増し $\langle v_e \rangle$ が増すからである。

$$kT_e \propto \dfrac{E}{p} \Rightarrow \langle v_e \rangle \propto \sqrt{kT_e} \propto \left(\dfrac{E}{p}\right)^{1/2}$$

故に $v_D = \mu'_{eo}\sqrt{\dfrac{E}{p}}$

次に衝突が起きない真空空間について電子速度を考えてみよう。

図3-15の x 点の電位を V とすると電子の得たポテンシャルエネルギ

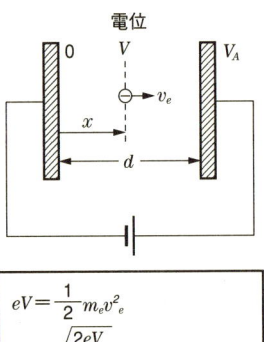

$$eV = \frac{1}{2} m_e v_e^2$$
$$v_e = \sqrt{\frac{2eV}{m_e}}$$
$$v_e [\text{cm/s}] = 5.9 \times 10^7 \sqrt{V[\text{V}]}$$

図3-15　真空中の電子速度

表3-4　イオンの駆動速度の例

$$v_{D+} = \mu_{0+} \left(\frac{E}{P}\right) \quad \cdots\cdots\cdots\cdots\cdots \text{比較的高気圧}$$
$$v_{D+} = \mu'_{0+} \sqrt{\frac{E}{P}} \quad \cdots\cdots\cdots\cdots\cdots \text{低気圧}$$
$$v_+ = 5.9 \times 10^5 \sqrt{\frac{m_e}{m_+}} \sqrt{V} \quad \cdots\cdots \text{真　空}$$

	He^+	Ne^+	Ar^+
$\mu_{+0} \left[\dfrac{m^2 \text{Pa}}{SV}\right]$	110	44	16
$\mu'_{+0} \left[\dfrac{m^{3/2}}{S}\sqrt{\dfrac{\text{Pa}}{V}}\right]$	448	184	92
真空中電子、イオン速度比 $\dfrac{v_e}{v_+} = \sqrt{\dfrac{m_+}{m_e}}$	86	192	271

は eV でこれが運動エネルギになるので次のように求められる。

$$eV = \frac{1}{2} m_e v_e^2、v_e = \sqrt{\frac{2eV}{m_e}} \quad v_e[\mathrm{cm/s}] = 5.9 \times 10^7 \sqrt{V[\mathrm{V}]}$$

以上、3つのケースを Ar$^+$、Ne$^+$、He$^+$ について実測値などを**表3-4**にまとめておく。

3-5 ● グロー放電

図3-16に示す2極放電管に直流電圧を印加し、放電を開始したのち電流とともにどうなっていくかをみてみよう。その形態は図3-6のパッシェンの法則における V_{smin} の生じる $(pd)_{min}$ を境界にして相違する。$pd > (pd)_{min}$ における現象を概説しよう。

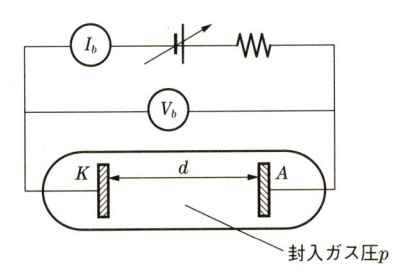

(a) 2極放電管の I–V 特性測定

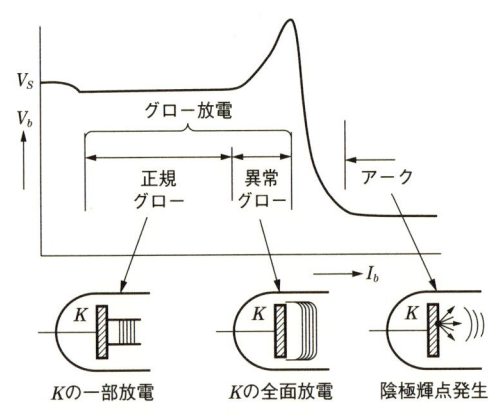

(b) I–V 特性と3種の放電

図3-16 $pd > (pd)_{min}$ における I–V 特性と3種の放電

(1) グロー放電とアーク

放電電流が流れているときの陰陽両極の電位差を放電維持電圧という。これを V_b で表し、放電電流 I_b との関係を求めると(b)図の経過をたどる。すなわち、I_b のある範囲で定電圧（V_b 一定）となる正規グロー、I_b とともに V_b が上昇する異常グローそしてアーク各放電である。陰極面を観察すると異常グローでは陰極全面で放電しているが正規グローでは一部に空きがみられる。I_b とともにその空きは消え、全面が一様に放電する異常グローになる。さらにアンペアのオーダーに増すと V_b は低下し、陰極面上に点状の強い発光が現れる。これがアーク放電で、強い発光点を陰極輝点という。陰極面からの2次電子放出は放電を持続させるために必要であるが、アークでは局所的加熱による熱電子放出である。グローは正規と異常とも3-2節(4)項の γ 電子である。

(2) 陰極降下

グロー放電の外観を**図3-17**に示す。陰極上の暗い部分、負グローと呼ばれる比較的強い発光そして一様な発光の陽光柱に続いている。陰極暗部にかかる電圧 V_c は陰極降下と呼ばれる。陽光柱の電位降下は僅かで V_c は維持電圧 V_b にほぼ等しい。その厚みを dc としよう。いくつかの実測によると陰極降下部の電界強度は陰極上が最大の E_c で距離 x とともに直線的に低下し、負グローで0になる。空間電荷密度 ρ_+ とおきポアッソン方程式を解くと、電位 V は放物線で ρ_+ は一定になる。陰極面上の電流密度 i を考えてみると入射するイオン電流 i_+ と放出する γ 電子の流れが方向反対で正と負だから

$$i = i_+ + \gamma i_+ = i_+(1+\gamma)$$

となる。i_+ はイオンの陰極へ入るときの速度 v_{ic} から $i_+ = v_{ic}\rho_+$ になる。この v_{ic} は3-4節で述べた駆動速度で E_c/p あるいは $(E_c/p)^{1/2}$ に比例する。そこで次式が得られる。

図中:

陰極降下（暗部）　負グロー（強い発光）　陽光柱（一様発光）

$E = E_C\left(1 - \dfrac{x}{d_c}\right)$ …実験式

$V = \int E dx$

$V = V_C\left(\dfrac{2d_c x - x^2}{d_c^2}\right)$

$\rho_+ = \dfrac{V_C}{2d_c^2}$

$\dfrac{d^2V}{dx^2} = -\rho$ （ポアッソン方程式）

$I_b = is$　　i_+　　$-\gamma i_+$

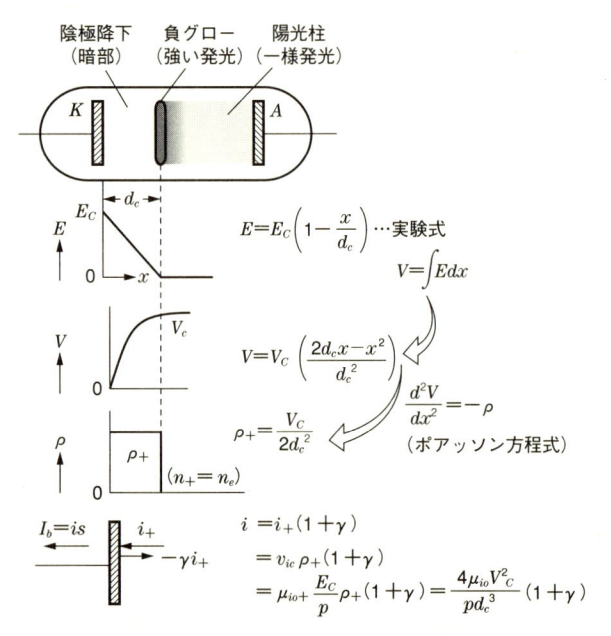

$i = i_+(1+\gamma)$
$= v_{ic}\rho_+(1+\gamma)$
$= \mu_{io+}\dfrac{E_c}{p}\rho_+(1+\gamma) = \dfrac{4\mu_{io}V_C^2}{pd_c^3}(1+\gamma)$

図3-17　グロー放電の外観と陰極降下

$$i = \rho_+ v_{ic}(1+\gamma) = \dfrac{E_c}{d_c}\cdot\mu_{io}\dfrac{E_c}{p}(1+\gamma) = \dfrac{E_c^2}{d_c}\dfrac{\mu_{io}}{p}(1+\gamma) = \dfrac{4V_c^2\mu_{io}}{pd_c^3}(1+\gamma)$$

これらの関係を図3-17に示してある。

　さて、正規グローの各値は添え字 n を追加して表すことにしよう。

　陰極降下について行われた多くの実験から V_{cn} と pd_{cn} は放電開始の最低値 V_{smin} と対応する $(pd)_{min}$ にそれぞれほぼ等しいことがわかった。

　そこで正規グローの陰極降下は3-2節(2)項の条件に合っているとみなされた。ただし電離係数 α は一定でなく、条件は次式のようになる。

$$\gamma\left\{\left(\exp\int_0^{d_c}\alpha dx\right) - 1\right\} = 1$$

この α に実験式を代入して Engel-Steenbeck[8] によって解かれた式が

使用されてきた。正規グローにおいては γ とガスの α で V_{cn} と i_n/p^2 が定まる。外部電流 I_b を増すとこの最小 i_n が陰極面で広がり陰極面一杯になるまで V_{cn} は一定になる。これが正規グローである。一杯になったのち I_b を増すためには電流密度が増して $i>i_n$ となり $V_c>V_{cn}$ をもたらす。これが異常グローなのである。

(3) 陽光柱（プラズマ）と器壁電位

図3-17の陽光柱においては図のように電界がほぼ0でポアッソンの式によると空間電荷はないことになる。実際は正のイオンと負電荷である電子の各密度が等しく全体で外部に電荷が現れないのである。これがプラズマである。その特性はプラズマ内に挿入した第3の電極（探極）に電圧を加えて、I-V 特性から求められる。**図3-18**はその測定回路と一般にみられる特性を示している。プラズマの空間電位（陽極の値にほぼ等しい）より負にすればプラズマ内のイオンが吸引され、電子は戻され、プラズマからの供給量に相当するイオンの飽和電流が流れる。探極上にはイオンの空間電荷層が生じ発光のない暗部が目視できる。これをイオン・シースというが、イオンの駆動速度の分類に応じた3つの特性が得られる[9]。探極電位を逆に正にすると電子の飽和電流が流れる。イ

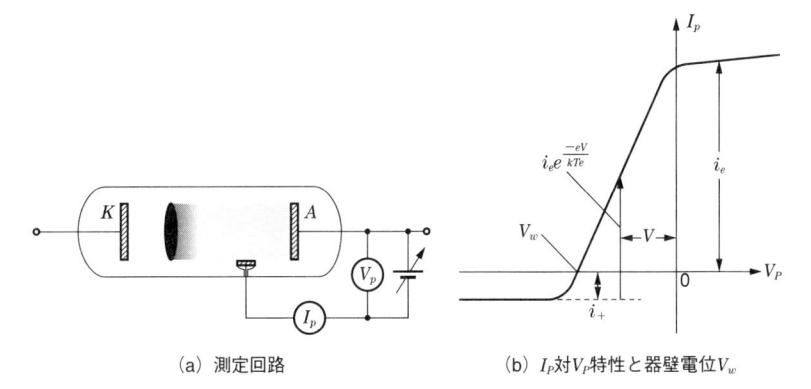

(a) 測定回路　　(b) I_P対V_P特性と器壁電位V_w

図3-18　プラズマの探極測定

オンと電子の各飽和電流の密度を i_+、i_e としよう。両者の飽和値の間では i_+ は一定とみなせる。電子電流はプラズマより負電位だから、いまその大きさを V とおくと V に逆って進める電子が流れることになる。その値は次の通りである。

$i_e e^{-\frac{eV}{kT_e}}$ ……eV 以上のエネルギをもつ電子電流密度

kTe は［eV］で示す電子温度である。図3-18において探極電流が0となる点はイオン電流と電子電流が打ち消し合っている。そしてイオン・シースが発生し V_w なる電圧がかかっている。この値は次のようになる。

$$i_+ = i_e e^{-\frac{eV_w}{kT_e}} \Rightarrow V_w = 2\cdot 3\, kTe \cdot \log\left(\frac{i_e}{i_+}\right)$$

プラズマ内の kT_+ が5 eVで $i_e/i_+ \approx 200$ というときは $V_w \approx 26$ Vになる。プラズマに接する誘電体や浮いている金属の上にはこのイオン・シースが生じ、流入する全電流が0になっている。

この V_w を器壁電位または絶縁電位と呼んでいる（**図3-19**）。

たとえばスパッタ装置で誘電体基板に成膜するときはこの V_w なるバイアスが自然に加わっていることになる。

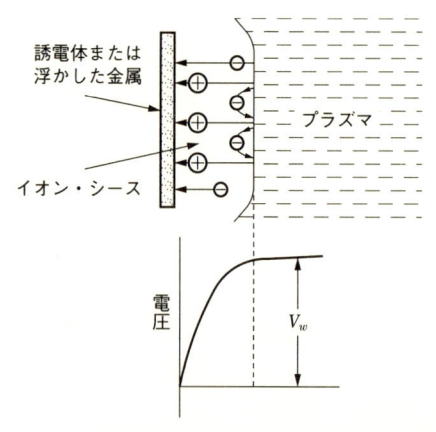

図3-19　プラズマに接する面にできる器壁電位

3-6 ● 高周波放電

(1) 高周波電界による荷電粒子の運動

図3-20(a)に示すような距離 d におかれた平行平面電極間に交流電圧 $V_f \cdot \sin \omega t$ を印加したとき、両極間内における電子とイオンの運動をみることにしよう。

① 真空空間（$\lambda_i > d$、$\lambda_e > d$）

イオンと電子がともにガス分子と衝突しない場合は次の運動方程式と解が得られる。

$$m \frac{d^2 x}{dt^2} = \frac{qV_f}{d} \sin \omega t$$

$$x = -\frac{qV_f}{md\omega^2} \cos \omega t$$

ただし、m と q は荷電粒子の質量と電荷である。図3-20(b)に示すように $A = qV_f/md\omega^2$ を振幅とする単振動になる。普通用いられる周波数 $f = \omega/2\pi$ は工業バンドである 13.56 MHz で $V_f = 1$ KV、および $d = 5$ cm の場合に電子と Ar イオンの振幅 A_e、A_+ は次のようになる。

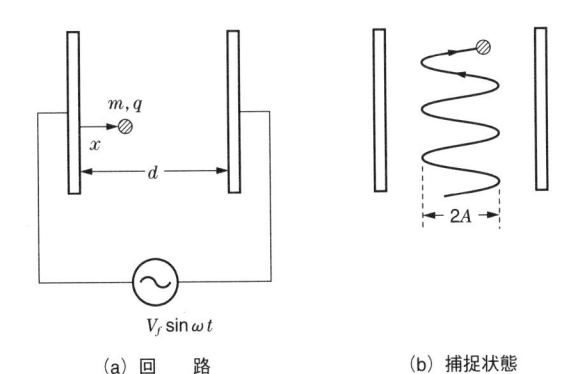

(a) 回　路　　　　(b) 捕捉状態

図3-20　高周波電界中による荷電粒子の運動

電子の振幅……………$A_e = 49$ cm

Ar イオンの振幅……$A_+ = 6.7 \times 10^{-4}$ cm $= 6.7$ μm

すなわち、$A_e > d$ だから電子は各サイクルごとに電極に飛び込むが、Ar イオンはほとんど動かず静止に近い。

② **気体空間**（$\lambda_i < d$、$\lambda_e < d$）

この場合の荷電粒子はガス分子と衝突しながら動くので3-4節で述べたような駆動速度になる。それは電界強度に比例しその比例計数は易動度という μ_0/p であった。従って荷電粒子に働く抵抗 $-qp/\mu_0$ であるから次の運動方程式が得られる。

$$m \frac{d^2x}{dt^2} + \frac{qp}{\mu_0} \frac{dx}{dt} = \frac{qV_f}{d} \sin \omega t$$

この解を求め、その振幅は次のようになる。

$$A = \frac{V_f}{\omega d \sqrt{\left(\frac{p}{\mu_0}\right)^2 + \left(\frac{m}{q}\right)^2 \omega^2}}$$

Ar イオンの数値例を上記の真空における値と比較してみよう。すなわち $V_f = 1000$ V、$f = 13.56$ MHz、$d = 5$ cm でガス圧 $p = 1$ Pa の場合に表3-4から $A_+ = 4 \times 10^{-2}$ cm となり真空のときより少し大きいがやはり静止とみられる。

(2) 荷電粒子の捕捉（トラップ）と放電領域

前項で求めた荷電粒子の高周波電界による振幅 A が電極間距離 d に対し $2A < d$ なら**図3-21**(b)のイオンのように電極に入らないで往復運動を行う。この状態を荷電粒子が捕捉（トラップ）されたという。電子とイオンの振幅 A_e と A_+ は数値例のように非常に異なるので、周波数 f、電極間距離 d、電圧波高値 V_f、およびガス圧 p の条件によってイオンと電子の捕捉に差異が生じ独特の放電領域に分類される。その領域は次のようになる。

(a) 低周波領域
$2A_+ > d$

(b) RF放電領域
$2A_+ < d < 2A_e$

(c) 無電極放電領域
$2A_e < d$

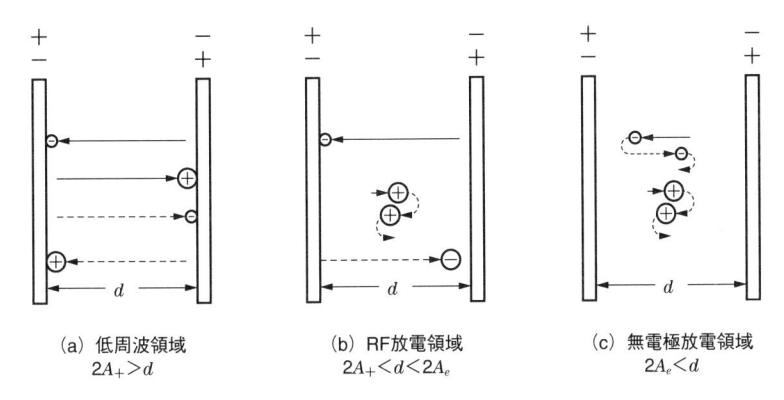

図3-21　交流による放電領域

（a）　低周波領域（$2A_+$および$2A_e > d$）

図3-21(a)に示すように電子とイオンの両方とも半周期ごとに左、右の電極に流れる。すなわち、陰極と陽極が半周期ごとに替るD.C.グロー放電が交互に発生する領域である。

（b）　中間周波（RF放電）領域（$2A_+ < d < 2A_e$）

図3-21(b)に示したようにイオンは電極間にトラップされるが電子は各サイクルごとに両側の電極に流れる領域である。イオンの空間電荷により放電中は電極面にセルフ・バイアス電圧が発生し、スパッタ装置として利用される。

（c）　無電極放電領域（$2A_e < d$）

図3-21(c)に示したように電子もトラップされる場合である。このときは電極からの2次電子放出、すなわちγ作用はない。拡散で失われる電子を電離によるα作用で補っている。電極のないガラス管に外からグローを発生できる無電極放電として知られる領域である。

(3) 高周波による放電開始

図3-22は平行平面電極で電極間距離$d = 1.8$ cmにおける空気の放電開始電圧V_{fs}を求められた例である[10]。その特徴をあげると低周波領域

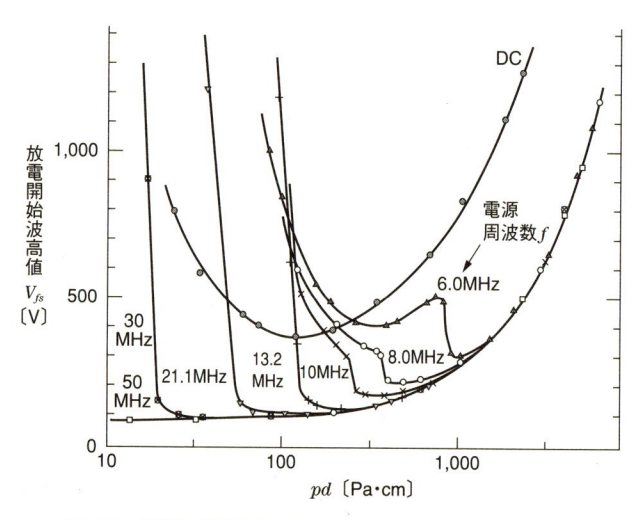

図3-22 平行平面電極（d=1.8 cm）で f パラメータとした放電開始電圧（空気）[10]

とみなせる範囲は、DCと同じ陰極面の γ 作用に依存するのに D.C. の V_s よりかなり低い。これは各サイクル毎に空間にイオンが残るから数サイクル後には D.C. のときより多くのイオンが電極に達し、γ 電子が増すためと考えられる。f が非常に増し、無電極放電になれば γ 作用はない。そこで拡散によって失われる電子を α 機構で充足することが放電開始となり、V_{fs} は低い。イオントラップが生じはじめたときは γ 電子が減って V_{fs} は急上昇すると考えられる。

(4) RF放電におけるセルフ・バイアス

RF（無線周波数）とは10 KHz以上の高周波である。通信以外で使用できる周波数は電波法で定められた13.56 MHz、2.4 GHzなどである。それらによる放電が実用機に使用されている。そして図3-21(b)の領域をRF放電、(c)図の領域をマイクロ波放電と一般に呼んでいる。さて、RF放電は既に述べたようにイオンは捕捉され電子は半周期毎に両

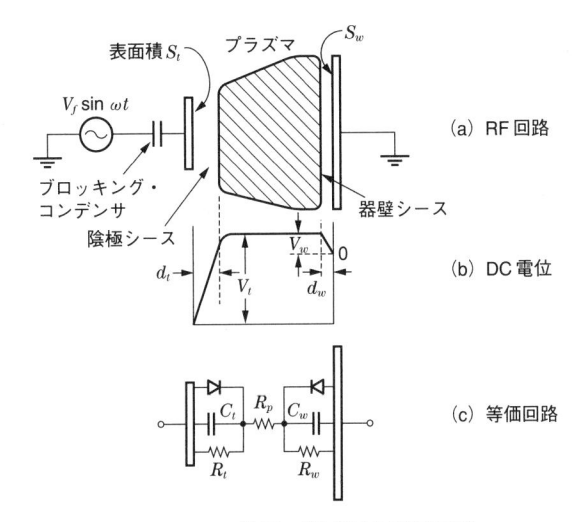

図3-23 RF放電の模式図と等価回路

電極に到達する。放電を開始すると**図3-23**のように両電極は常にプラズマより電位が低く、絶縁体（または浮かした金属）に入射する電子とイオンの時間平均値は等しくなる。各電極とプラズマに接する面の上にはイオンによる空間電荷層であるイオンシースが発生する。その電圧降下がセルフバイアスである。陰極であるターゲット上ではそのバイアスで加速されたイオンが流れ、電源の正の半周期で電子がパルス的に流れ込んで正と負が平衡している。図2-23の物理像から設計上重要な式が導かれた[11]。各電極上のシースは容量とみなされ、ターゲットおよび対極（普通は真空容器内壁）の容量を C_t、C_w とおく。通常の考察で各部の電気抵抗は R_t と $R_w \to \infty$ で $R_p=0$ と近似できる。そこで図Cの等価回路から各シースの電圧降下 V_t、V_w はつぎのようになる。

$$V_t = \frac{C_w}{C_t + C_w} V_f, \quad V_w = \frac{C_t}{C_t + C_w} V_f$$

いま各シースの厚さを d_t、d_w、各電極の表面積を S_t、S_w とする。各容量はその表面積に比例し、厚さに逆比例するから次式が得られる。

$$\frac{V_t}{V_w} = \frac{C_w}{C_t} = \frac{d_t S_w}{d_w S_t}$$

各シースを流れるイオン電流密度は等しいと仮定し、シース内の衝突を無視すると、空間電荷制限による電流の式から次の関係が得られる。

$$V \propto d^{4/3}$$

従って、前式は次のようになる[11]。

$$\frac{V_t}{V_w} = \left(\frac{S_w}{S_t}\right)^4$$

もし、シース内でイオンとガス分子が衝突するときは $V \propto d^{5/3}$ となり[9]、

$$\frac{V_t}{V_w} = \left(\frac{S_w}{S_t}\right)^{5/2}$$

となる。多少の差はあるが RF 電力を加える電極（ターゲット）の面積が陽極に対して小さいときは、ターゲット上のセルフバイアスは電源の波高値 V_f に近い電圧降下になっている。これは2-5節(2)項で述べた直流グロー放電の陰極降下に相当し、かなりのスパッタを生じる。ターゲット材料が絶縁体でも同じ効果が得られるので後述するスパッタ装置として利用されている。

3-7 ● マグネトロン放電

　放電開始、D. C. グロー放電、高周波放電の概要について述べてきた。一方、放電プラズマを応用する技術に目を向けると低気圧における放電が各方面で使用されている。パッシェンの法則では放電開始電圧の最小値 V_{smin} があった。これに対する $(pd)_{min}$ より大きい pd 範囲で生じる陰極降下を3-5節(2)において説明した。しかし寧ろ $pd<(pd)_{min}$ の範囲が実用になる場合が多い。この範囲での V_s は高く、I-V 特性は低電流高電圧すなわちインピーダンスが高い。この問題を解決したのが電界のほかに磁界を加える方法でマグネトロン放電という。

(1) 一様磁場、真空中の電子運動（ラーマーの歳差運動）

　図3-24(a)に示すように速度 v で進んでいる電子（電荷 e、質量 m_e）は $i=ev$ なる電流とみなされる。(b)図のように一様な磁束密度 B が印加されている真空空間に速度 v の電子が B と直角に入ると B の作用でフレーミングの法則に従った方向に $iB=evB$ なる力がはたらく。この力をローレンツ力という。一方、力学的に質量 m_e の粒子が半径 r_c の円運動をしていると $m_e v^2/r_c$ という遠心力が発生する。そこで(b)図のようにローレンツ力（evB）の求心力と遠心力が釣り合った円運動になる。これをラーマーの歳差運動という。

$$evB = \frac{m_e v^2}{r_c}$$

V の電圧相当値を V_0[eV] とおくと次式が得られる。

$$r_c = \frac{m_e v}{eB} = \sqrt{\frac{2m_e}{e}} \frac{\sqrt{V_0}}{B} \quad \Rightarrow \quad r_c[\text{cm}] = 3.38 \times 10^{-4} \frac{\sqrt{V_0[V]}}{B[\text{T}]}$$

$$f_c = \frac{\omega_c}{2\pi r_c} = \frac{eB}{2\pi m_e} \quad \Rightarrow \quad f_c[\text{MHz}] = 2.8 \times 10^4 B[\text{T}]$$

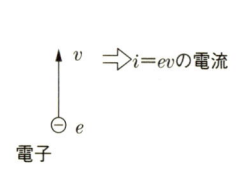

(a) 電子の流れは電流

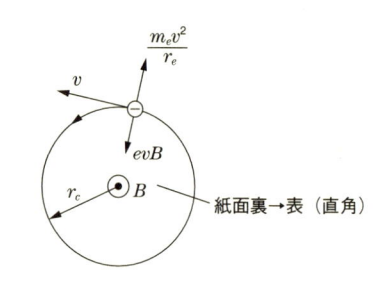

(b) vとBの直交で電子の円運動

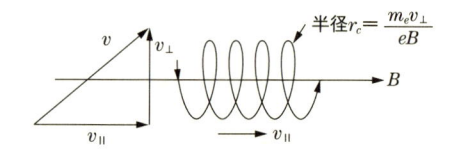

(c) 電子がBに斜め入射

半径 $r_c = \dfrac{m_e v_\perp}{eB}$

図3-24 均一磁場内の電子の運動（真空中）

r_cをラーマー半径、f_cをサイクロトロン周波数と呼ぶ。図3-24(c)のように速度vが磁界と斜めに入ったときはvをBと平行な成分$v_\parallel$と直角成分$v_\perp$に分けて考える。r_cとf_cは$v_\perp$で定まり、その回転をしながら$v_\parallel$の速さでB方向に進む。数値例として400Vで加速された電子が$B=0.03$Tの磁場に直角に入ったときは$r_c=2.25$mm、$f_c=840$MHzとなる。イオンも同様の運動（ただし、逆回転）をするがArイオンについてはその質量m_+がm_eに対し次のように大きい。

$$m_+ = m_p(陽子質量) \times 分子量 = (m_e \times 1836) \times 40 = 73440\, m_e$$

そこで上記の数値例の場合には$r_c \fallingdotseq 60$cm、$f_c \fallingdotseq 11.15$KHzになる。

(2) 気体中で電界と磁界が直交するときの電子運動

前項は真空空間において電子がガス分子と衝突しない場合であった。ある圧力 p の気体中で衝突すれば円運動は困難になる。平均した現象を想像してみよう。電子の平均自由行程 λ_e 以内で歳差運動をするなら前項の円運動になると考えられる。逆にラーマーの半径 r_c が λ_e より大きければ衝突毎に方向が変わって磁界の影響は無視されるだろう。すなわち $\lambda_e = r_c$ がプラズマに影響を与えはじめる境界とみなされる[12]。**図3-25**は以上の概念図である。λ_e は表2-3でガスの種類による常数が示されてある。上述の r_c を用い、B がプラズマに影響しはじめるガス圧と B の関係は次のようになる。

$r_c \leq \lambda_e$ に各値を代入

$$B[\mathrm{T}] \geq 3.38 \times 10^{-4} \frac{p[\mathrm{Pa}]}{\lambda_{eo}} \sqrt{V_0[\mathrm{V}]}$$

Ar ガス中で $V_0 = 400$ V の場合に求めると**図3-26**が得られる。例えば 133 Pa（1 Torr）では $B = 0.3$ T（3000ガウス）以上必要だが0.133 Pa（10^{-3}Torr）になると $B = 3 \times 10^{-4}$T（3ガウス）で影響しはじめる。

さて、B が十分大きく図3-25(c)の領域で、**図3-27**のように磁束密度 B に直交する電界を加えたときの電子の運動を考えてみよう。電子は B のまわりを旋回するが、1回転の間で E の作用によって図の下側で加速

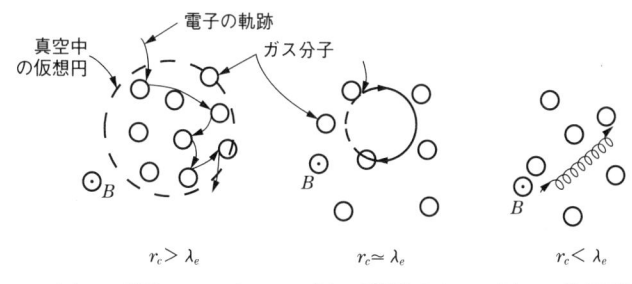

(a) Bの影響きわめて少ない	(b) B影響始める	(c) Bの影響顕著
$r_c > \lambda_e$	$r_c \simeq \lambda_e$	$r_c < \lambda_e$

図3-25　プラズマ中の電子運動に与える B の影響

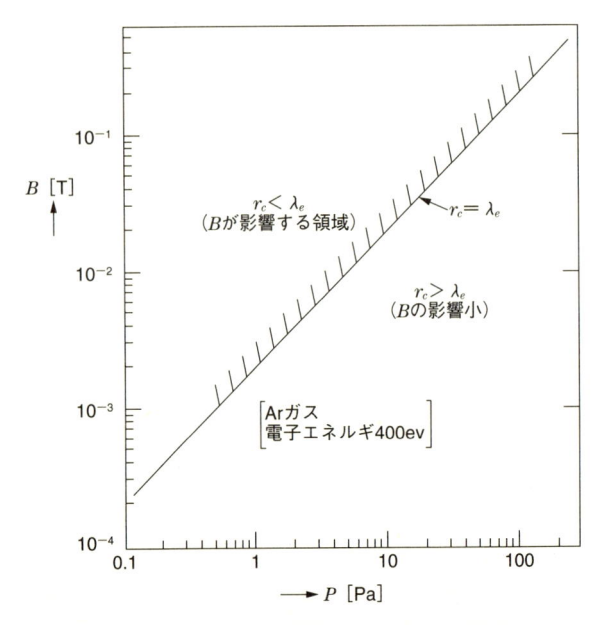

図3-26　プラズマに影響を与える磁束密度領域

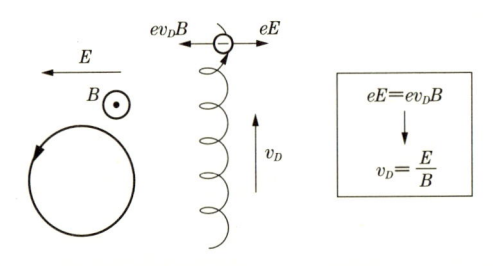

図3-27　直交する電界と磁界による電子のドリフト速度

され、上部で減速される。加速された後は速度が増す。そして r_c は増し、減速後は小さくなる。この真円でない旋回をしながら E と B で作る面に直角方向に移動する。その中心の移動速度をドリフト速度と呼び v_D で表す。その値は電界 E による力 eE とローレンツ力 ev_DB の釣り合いから求まる。

$$eE = ev_D B$$

故に $v_D = \dfrac{B}{E}$、実用単位で $v_D[\mathrm{m/s}] = \dfrac{10^2 E\,[\mathrm{V/cm}]}{B\,[\mathrm{T}]}$

数値例　$E = 100\,\mathrm{V/cm}$、$B = 0.03\,\mathrm{T}$　→　$v_D = 330\,\mathrm{km/s}$

(3) マグネトロン放電の構成と特性

図3-28は平板マグネトロン放電の基本構成である。ターゲットの裏側に強い磁石の組合わせを設ける。中心の磁石を外側の円形または長方形の逆極性磁石が取り囲み、図のようにヨークで磁気的に接続してある。この構造によりターゲット上には半円状の磁力線(磁束密度 B)が発生している。ターゲットに負電圧を加えると電界 E は表面に垂直に交わる。従って B がターゲット面と平行になるところで B と E は直交する($B \times E$ と表す)。封入ガス圧に対し B は図3-26を十分満たすようにする。その値は下記のマグネトロン放電発生条件から設計される。この

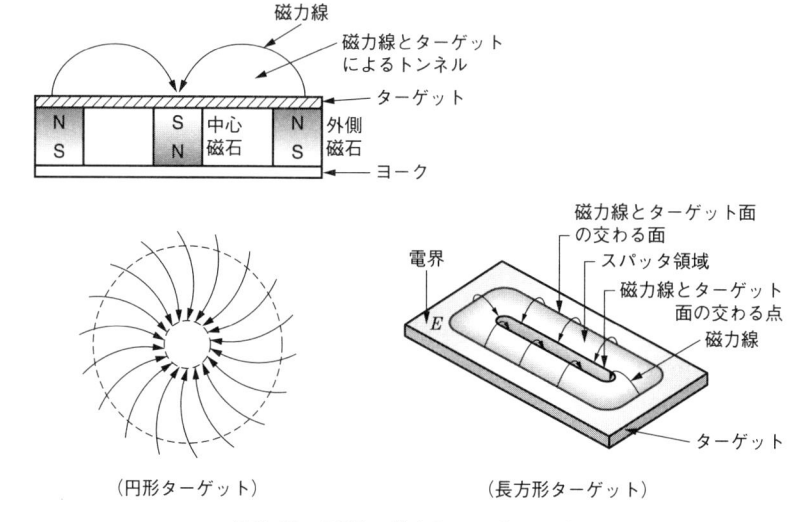

図3-28　平板マグネトロンカソード

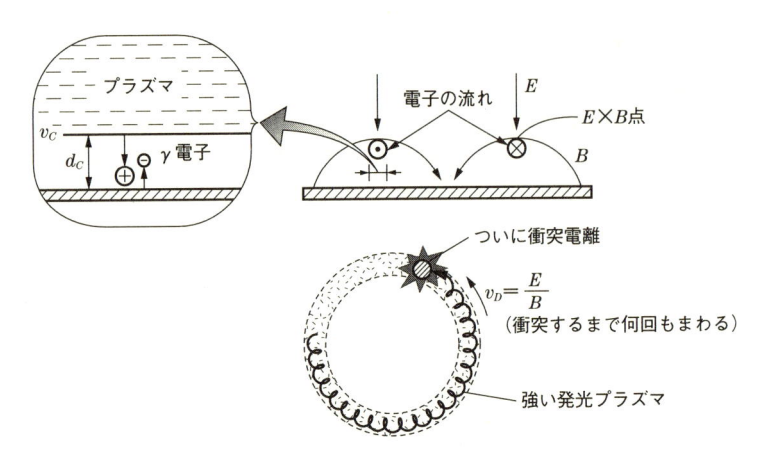

図3-29 平板マグネトロンターゲッ上の電子の運動

構成で印加電圧を上げターゲット上の電界を増すと放電を起こす。その外観は B がターゲット面に平行な点を中心にして、ある幅をもった強い発光のプラズマがドーナツ状にできる。その放電を維持する機構は次のようになる。図3-29のようにプラズマからターゲットに流れたイオンにより2次電子（γ電子）が放出される。放出電子は陰極シース（シース電圧は印加した電圧にほぼ等しい）で加速され、前項で述べた $E \times B$ によってドリフト速度 $v_D = E/B$ で歳差運動をしながらその中心がドーナツに沿って何回でも繰返しまわる。そのうち平均自由行程に達し、ガス分子を電離する。イオンは前項で説明したように質量が大きく磁界にあまり影響されないでターゲットに達し、再びγ電子を放出する。この繰返しで放電は維持される。

ガス圧 p を 0.1 Pa くらいに低くすると表2-3より Ar ガスのとき電子の平均自由行程 λ_e は34 cm になる。普通の数10 cm 径のターゲットなら1～2回の周回で衝突して電離する。B がなければほとんど衝突せずに陽極に入り電離を起こさないが、B によってガス圧が低くとも電離を生じるまで周回してくれる。そこで低気圧でも高密度プラズマとなりターゲットに大きなイオン電流が流れ、図3-30に示す定電圧特性になる。

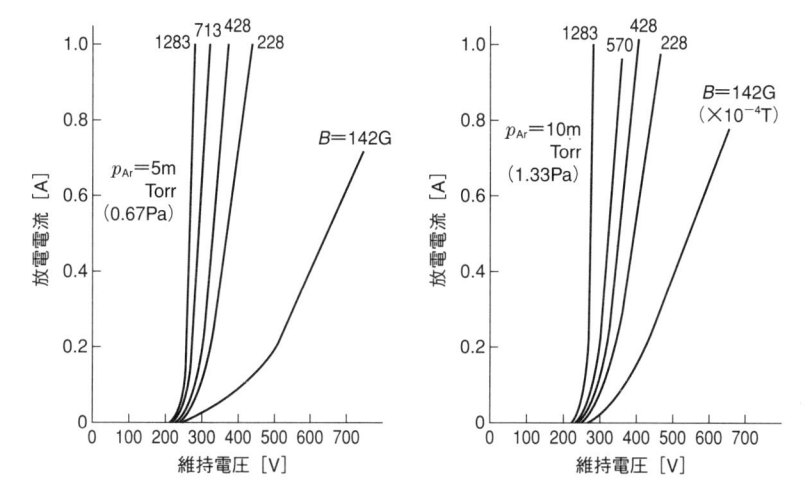

図3-30 プレーナ・マグネトロン放電の *I*–*V* 特性
(φ23 cm Cu ターゲット。*B* パラメータ)[13]

以上がマグネトロン放電の概要だがその発生条件と主な特性をあげておこう。

マグネトロン放電の発生条件

> ① ターゲット上にターゲット面と磁束密度 B でトンネルを作る。
> ② そのトンネルは閉じていて電子のドリフト運動は無終端。
> ③ 歳差運動のラーマー半径 r_c は磁束密度 B の曲率半径 R より小。

ターゲット上の陰極シース

ターゲット上には陰極シースが発生する。3-5節(2)項で述べたグロー放電の陰極降下と同様にイオンの空間電荷で満たされ、厚さ d_c で電圧 V_c が生じている。マグネトロン放電はガス圧の低い範囲であるからシース内における γ 電子による電離は無視されプラズマから流れるイオンで生じている。さらにシースの厚さ d_c に対しイオンの平均自由行程 λ_+ が $\lambda_+ > d_c$ のときは Child–Langmuit の式が成り立ち次のようになる。

$$d_c[\text{cm}] = 1.51 \times 10^{-3} \left(\frac{m_e}{m_+}\right)^{1/4} \frac{V_c[\text{V}]^{3/4}}{i_+[\text{A/cm}^2]^{1/2}}$$

m_+ はイオンの質量、V_c 陰極降下、i_+ イオン電流密度である。

Ar の場合は $m_+ = 1836 \times 40\, m_e$ だから、おおよその数値例を示そう。

$\left.\begin{array}{l} V_c = 400\,\text{V} \\ i_+ = 10\,\text{mA/cm}^2 \end{array}\right\} \rightarrow \quad dc \simeq 0.9\,\text{mm}$

なおシース内のイオン速度が $v_+ = \mu'_{0+}(E/p)^{1/2}$ で表わせるときは次のようになる[9]。

$$dc = 6.96 \times 10^{-6} \mu'_{0+}{}^{2/5} \frac{V_c{}^{3/5}[\text{V}]}{(i^2+p)^{1/5}} \quad \text{ただし } p[\text{Torr}]$$

<u>ターゲット上のイオン電流密度（エロージョン）</u>

ドーナツ状プラズマの断面で径方向のイオン電流密度はどのように分布しているのだろうか。それを実測された例[13]を示そう。ターゲットの径方向に同じ面に絶縁した多数の微小探極を配置し、各電流を求めたものである。図3-31はその結果で、ほぼ正規分布をしている。その半値幅 w は次のように導かれている[13]。

$$w = 2\sqrt{2Rr_c}$$

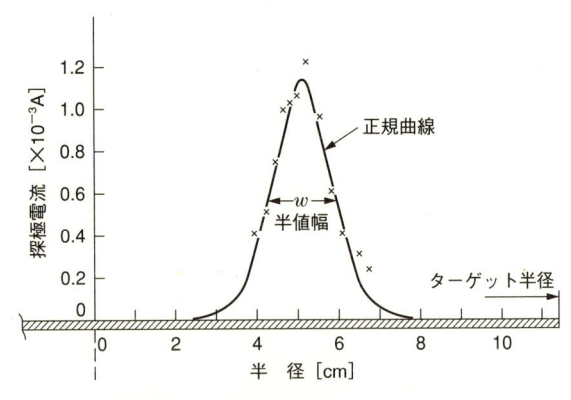

図3-31　9″直径平行平板 Cu プレーナ・マグネトロンの径方向イオン電流密度（1 mmϕ 探極）[13]

ただし、R は磁力線 B のターゲットと平行な位置における曲率半径である。ラーマーの半径 r_c は3-7(1)項の値

$$r_c[\text{cm}] = 3.38 \times 10^{-4} \frac{\sqrt{V_c[\text{V}]}}{B[\text{T}]}$$

を代入し次のようになる。

$$w = 5.2 \times 10^{-2} \frac{V_c[\text{V}]^{1/4} R[\text{cm}]^{1/2}}{B[\text{T}]^{1/2}}$$

<u>数値例</u>　$R = 2.5$ cm、$B = 0.03$ T、$V_c = 400$ V の場合は上式から $W = 2.12$ cm となる。後述するようにターゲットはイオンによるスパッタをうけ**図3-32**のように浸食される。これをエロージョンというがその幅は $2w$ だから上記例では 4.24 cm の幅になる。

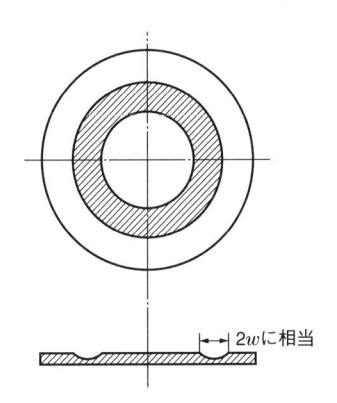

図3-32　ある時間放電後のターゲットのエロージョン

3-8 ● イオンによるターゲット衝撃

　加速されたイオンがターゲットを衝撃すると**図3-33**に示すように多くの現象が起こる。上から順に衝撃イオン自身の反射、電荷をターゲットに与えて中性原子に戻ったがかなりのエネルギをもったまま反射するAr原子（反跳Arと呼ぶことにする）、すでに述べた2次電子（γ電子）放出、叩き出されたターゲット構成原子（スパッタ原子）、およびそのイオンなどである。このイオンになったスパッタ原子を求めるとターゲットの分析が可能でSIMS分析装置として市販されている。ここでは重要なスパッタと反跳Arについて述べよう。

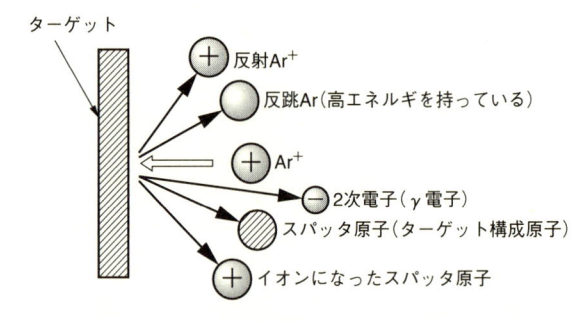

図3-33　ターゲットを衝撃した Ar$^+$ の起こす現象

(1) スパッタの原理とスパッタ率

　ターゲット上の陰極シース電圧 V_c で加速されたイオンはシース内で衝突すればエネルギを失うから、ターゲット上では最高値 V_c から0までに分布する。そのエネルギに応じて図3-33が発生する。あるエネルギになると**図3-34**に示すようにターゲット内部に侵入する。そのときイオンはターゲット構成原子にエネルギを与え、その運動量がまわりの原子に伝わり表面にある原子が垂直方向の力成分を得て、原子間結合力に打ち

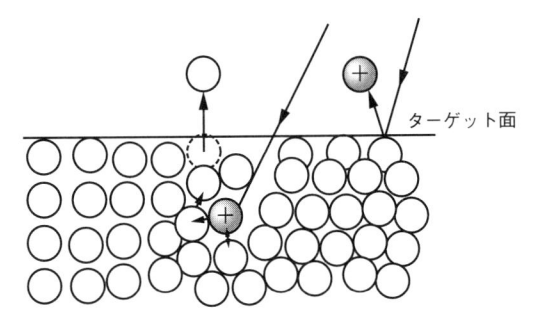

図3-34　スパッタの原理

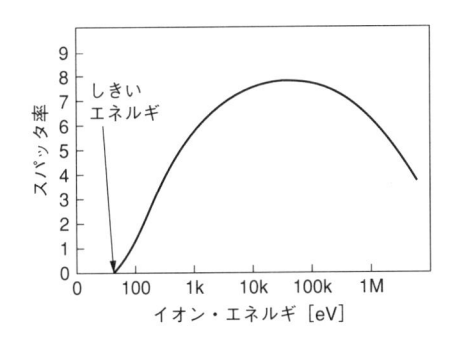

図3-35　スパッタ率のイオン・エネルギ依存性（定性的説明）

勝てば放出される。これをスパッタという。スパッタを起こすイオンの最小エネルギをしきい値というが図3-34でイオンが内部に侵入し始める値に相当する。ターゲットとイオンの種類によるが普通30～50 eVである。衝撃イオン1個当り放出するスパッタ原子数をスパッタ率という。そのスパッタ率の一般的傾向は**図3-35**のようになる。しきい値から10～1000 Vまではほぼイオンエネルギに比例して増加し、1～10 KeVで増加が緩かになり、さらにエネルギを増すと最大値があって逆に下がる。エネルギが特に増すとイオンの侵入が深過ぎて表面原子にエネルギが伝わり難くなるためと思われる。**図3-36**に4種類のターゲットに対する各希ガスイオンによる、イオン・エネルギに対するスパッタ率を示す。重い

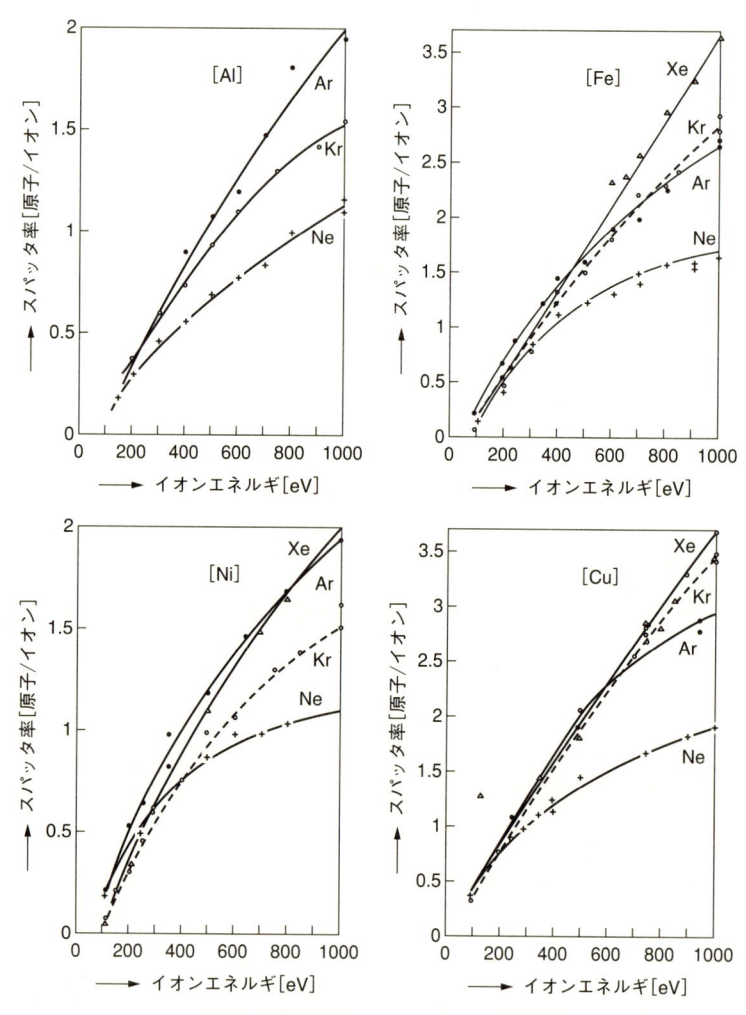

図3-36 Al、Fe、Ni、Cu 各ターゲットに対する希ガスイオンによるスパッタ率のイオンエネルギ依存性

表3-5 500 eV、1 keV の Ar イオン衝撃に対する各種物質のスパッタ率
（単位は［原子／イオン］または［分子／イオン］）

									1[keV]	
				500[eV]						
Be	0.51	Y	0.68	Hf	0.70	PbTe	1.4	Fe	1.33	
C	0.12	Zr	0.65	Ta	0.57	GaAs	0.9	Ni	2.21	
Al	1.05	Nb	0.60	W	0.57	GaP	0.95	Cu	3.2	
Si	0.50	Mo	0.80	Re	0.87	CdS	1.12	Mo	1.13	
Ti	0.51	Rb	1.15	Os	0.87	SiC	0.41	Ag	3.8	
V	0.65	Rh	1.30	Ir	1.01	InSb	0.55	Sn	0.8	
Cr	1.18	Pd	2.08	Pt	1.40			Au	4.9	
Fe	1.10	Ag	3.12	Au	2.40			Pb	3.0	
Co	1.22	Sm	0.80	Pb	2.7			SiO_2	0.16	
Ni	1.45	Gd	0.83	Th	0.62			Al_2O_3	0.05	
Cu	2.55	Dy	0.88	U	0.85			Pyrex	0.15	
Ge	1.1	Er	0.77							

イオンほどスパッタ率は高くなるが、Ar 以上はあまり変わらない、その上 Ar ガスは空気中に約1％も含まれているので他に比して極めて安価である。

普通の実用機ではもっぱら Ar ガスが使用されている。実用的見地から Ar イオン 500 eV と 1000 eV に対する各種物質のスパッタ率を**表3-5**に示しておく。γ と違いスパッタ率は1以上の大きい値が多い。スパッタ原子の放出角度分布は結晶性、イオン・エネルギ、イオン入射角などの影響を受けるが、実際には余弦則に従うとみなされる。スパッタした原子のエネルギは衝撃イオンやターゲットなどの種類とイオン・エネルギに影響されるが、平均的には 10〜30 eV 程度である。

(2) 反跳 Ar

図3-33で説明した反跳 Ar は中性の分子だが、10〜数100 eV という高

いエネルギをもつ分子である。放電ガスとして熱運動をしている Ar 分子はせいぜい0.03 eV 位であるから反跳 Ar は空間の分子とは別個にみなければならない。あまり注目されていないが、薄膜を作製するときは膜質を改善するアシスト効果、あるいは逆にダメージを与えるなど極めて重要なものである。研究された資料[14]からその要点を述べておこう。工夫した検出器を用いている。それは差動ポンプで約10^{-3}Pa に保った小型ケージの入口（1 cmφ）に荷電粒子を排除するグリッドを設け反跳 Ar のみをとり入れ、2次電子特性がわかっている面に当てる。その2次電子を計って反跳分子の密度を求めるというのである。検出器の面に飛んでくるスパッタ粒子束（毎秒1 cm²当りの数でj_{nr}と表す）も水晶検出器で同時に測定した。**図3-37**は Ta ターゲットで Ne、Ar、Kr 各ガス（圧力1.86 Pa）に対し求めた反跳分子束と放電電流の関係である。軽量なイオンほど大きい。さらに同一面に飛来するスパッタ粒子束j_mを求め、j_{nr}/j_mの比を計算した。

ガス圧や放電電流などの条件にもよるが、おおよその値を**表3-6**に示す。重いターゲットほど大きい。

さて、反跳 Ar の粒子束j_{nr}はわかったがそのエネルギについての実測

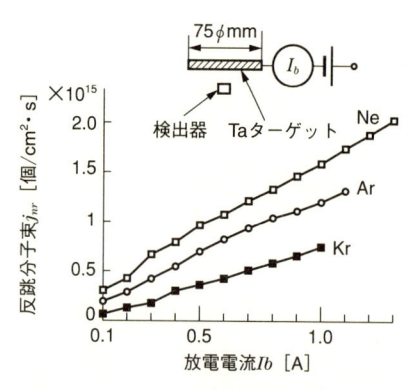

図3-37　平板マグネトロン放電における反跳分子束 j_{nr} [14]
（Ta ターゲット、ガス圧18.6 Pa）

表3-6　反跳Ar粒子束 j_{nr} とスパッタ粒子束 j_m の比

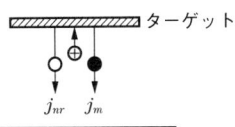

ターゲット	j_{nr}/j_m
Cu	2〜4%
Ti	12〜20%
Ta、W	27〜50%

(a) 2体衝突

(b) 2体衝突での反跳Arのエネルギ V_{nr} （$V_c=400$Vのとき）

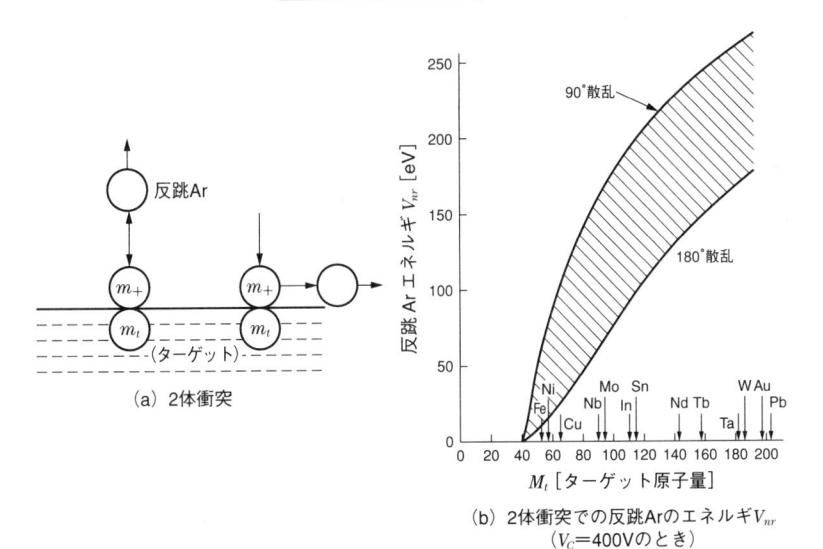

図3-38　イオンがターゲット面で2体間衝突をするとしたときの反跳Arのエネルギ

はない。しかし図3-37からターゲット原子の質量 m_t に対し、衝撃イオンの質量 m_+ が小さいほど j_{nr} は多いので、表面における m_t と m_+ の2体衝突で生じていると考えてみよう。**図3-38**(a)に示すようにターゲット上での衝突から180°と90°に散乱される場合の反跳Arのエネルギ V_{nr} は次のようになる。

180°散乱　　$V_{nr} = \dfrac{(m_t - m_+)^2}{(m_t + m_+)^2} V_c$

90°散乱　　$V_{nr} = \dfrac{m_t - m_+}{m_t + m_+} V_c$

　ただし、V_cは陰極シースの電位降下である。$V_c = 400$ V における各種ターゲットに対する反跳 Ar の V_{nr} を求めると図3-38(b)のようになる。

　$m_t < m_+$ の場合、例えば Ar ガスで Al をスパッタするときは反跳 Ar は生じないことになる。しかし実際には反跳 Ar による影響がスパッタ薄膜に認められている。この解明はできていないが、想像すると上記の2体間でなく複数のターゲット原子との衝突が起きていると考えられるだろう。

3-9 ● 拡散と再結合

室内でガスを点火した場合を考えてみよう。炭酸ガス（不完全燃焼なら一酸化炭素）が発生するが、火の上方だけでなく時間とともに室内の隅々まで拡がる。これを拡散というが、気体中の電子やイオンも背景ガスを通じて拡散する。一方、3-2節(5)で初期電子は暗黒中で時間とともに消失することを述べたが、これは電子とイオンが再結合して中性の分子になるからである。これらの現象について簡単に述べよう。

(1) 拡散

拡散は考えている物質の密度 n が高いところから低いところへ流れる現象である。いま1次元で考えると密度勾配 dn/dx に比例する。その比例計数を D として求めることにする。図3-39のように密度 n に勾配があるとき $x=x_0$ の点で x 方向とその逆方向の流れを考え、その差を求めるとよい。その流れである粒子束（1 cm^2 を毎秒通る数）j の値は2-4節で述べたように密度 n、平均速度 $\langle v \rangle$ から $n \cdot \langle v \rangle/4$ であった。いま x_0 の前後における微小距離 $\varDelta$ 間における密度差は次のようになる。

x_0 における左右の流子束の差 j_D
$$j_D = \frac{1}{4}\langle v \rangle \cdot 2\varDelta \frac{dn}{dx} = \frac{1}{2}\langle v \rangle \varDelta \frac{dn}{dx}$$

$$\varDelta = \lambda = \frac{\lambda_0}{P}$$
斜め方向も入れ
$$j_D = \frac{\lambda_0 \langle v \rangle}{3P} \frac{dn}{dx}$$

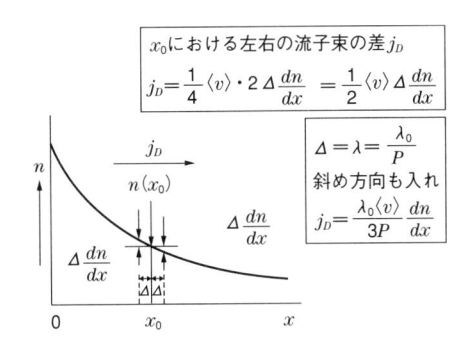

図3-39 背景ガス中に添加したガスが拡散する説明

$$n(x_0-\Delta)-n(x_0+\Delta)=\left\{n(x_0)-\Delta\frac{dn}{dx}\right\}-\left\{n(x_0)+\Delta\frac{dn}{dx}\right\}$$

$$=-2\Delta\frac{dn}{dx}$$

$\langle v \rangle$ は一定と考えると拡散粒子束 j_D は次のようになる。

$$j_D=\frac{1}{4}\left\{n(x_0-\Delta)-n(x_0+\Delta)\right\}\langle v\rangle=-\frac{1}{2}\langle v\rangle\Delta\frac{dn}{dx}$$

さて、この Δ は背景ガス内におけるいま考えている物質の平均自由行程 λ とみなせるだろう。実際は x から斜め方向もあるので $1/2 \to 1/3$ になり、

$$j_D=-D\frac{dn}{dx}、D=\frac{1}{3}\lambda\langle v\rangle$$

となる。考えている粒子を電子とすると $i=ej_p$ という電流密度になる。これを拡散電流という。平均自由行程 λ は $\lambda=\lambda_0/p$ と表せるので拡散係数は次のようになる。

$$D=\frac{1}{3}\frac{\lambda_0}{p}\langle v\rangle$$

すなわち、当り前だがガス圧が高いほど拡散しにくいのである。

(2) 再結合

電離現象と反対に電子とイオンが結合して中性原子に戻り、＋と－の電荷が消失する現象である。その発生場所は空間および容器などの表面である。さらに空間では直接と2段式がある。**図3-40**によって説明しよう。まず空間においては電子とイオンが直接出合って中和するときは次のようになる。

　　　（直接再結合）　　$e + Ar^+ \longrightarrow Ar + $（放射線）

中和の際、電子のもっていたエネルギと Ar^+ の電離電圧相当分のエネルギは光エネルギとして放出する。

(a) 体積再結合
（発生確率：2段式≫直接）

(直接) ⊖ +Ar$^+$ → Ar

2段式再結合
⊖ +O$_2$ → O$_2^-$
O$_2^-$+Ar$^+$ → O$_2$+A

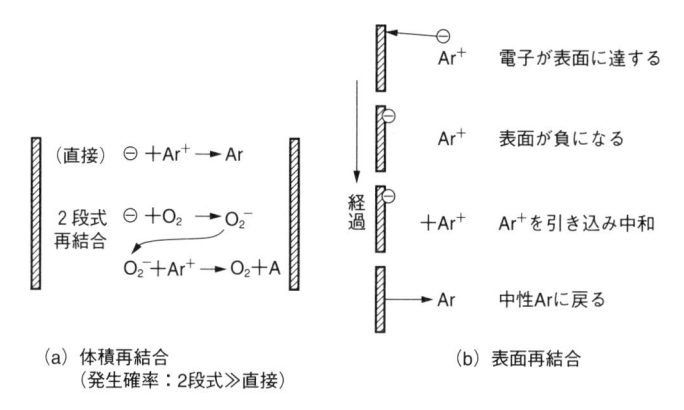

(b) 表面再結合

Ar$^+$　電子が表面に達する
Ar$^+$　表面が負になる
+Ar$^+$　Ar$^+$を引き込み中和
Ar　中性Arに戻る

経過

図3-40　再結合 [発生確率(b)≫(a)]

気体中にO$_2$やハロゲンなどの負イオンを作りやすいガスが混入していると、電子はまずそれらと負イオンを作る。負と正のイオン同士は結合しやすいので次の2段式結合になる。

（2段式再結合）　e+O$_2$ ⟶ O$_2^-$

O$_2^-$+Ar$^+$ ⟶ O$_2$+Ar

もう1つは電子が動きまわっている間に容器の壁などに捕捉され表面を負に帯電する。そこへAr$^+$を引きつけ、表面で再結合するのである。この際は保有していたエネルギが熱に変換される。これを表面再結合という。これに対し空間におけるそれを体積再結合と呼んでいる。それらの発生する確率をみると表面再結合が圧倒的に大きい。体積再結合では不純ガスの割合によるが2段式に比して直接再結合は無視できるくらい少ない。

コラム：定電圧放電管から連続スパッタ

　通信技術の進歩に大きく寄与した定電圧放電管回路（図1-4(a)）に使用された抵抗器は、経時変化があまりにも大きく通信回線に不適なものであった。そこでその代替として、スパッタ法で作られたTa薄膜抵抗が開発されたが、ここでその経過を述べておこう。

　3-5節で説明した正規グローの定電圧特性は電源の電圧を負荷に関係なく一定に保つ標準電池の代わりに使用された。特に陰極としてM_0を用い、ガスを封入した後十分にスパッタさせると陰極表面の汚れは除去され純粋なM_0の面になる。従って3-2節(4)項で述べたイオンによる2次電子放出の割合γが安定になる。その上放電管の管壁に付着しているM_0薄膜が、ガラス壁からのガス放出を抑え、非常に安定した特性になる。定電圧放電管の中でも特に優れ、電圧標準放電管と呼んでいた。

　一方、通信技術も進んでいた。八木・宇田アンテナの発明者である宇田教授らが研究されたマイクロ波通信が実用化され、昭和30年代に当時の電電公社においてマイクロ波回線の建設がはじまった。ところが実用になって間もないとき大きな技術問題が発生した。それは回線周波数が時間とともに高い方にシフトしたのであった。調べてみるとマイクロ波発生器に供給する電源電圧が時間とともに上昇していた。供給電圧は負荷変動があっても一定に保たねばならないのである。当然ながら関係者はみな定電圧放電管の経時変化だろうと推論した。

　この疑いを調べるため製品の中から無作為に選んだ10個のサンプルを寿命試験にかけた。1年以上過ぎても全数に変化なく**図3-41**(b)の結果になった。そのうちに原因を究明していたグループから意外な知らせがあった。定電圧放電管の電圧を分割している抵抗器の経時変化だとのことであった。当時の国産電気抵抗ではマイクロ波通信に適するものはないということであった。その頃米国のベル研究所から次の発表があった。それまでの抵抗器はマイクロ波回線には不適である。そして経時変化のほとんどない新製品を開発した。それは連続スパッタで作製したTa薄膜抵抗だというのである。後述するがスパッタで作る薄膜の膜質

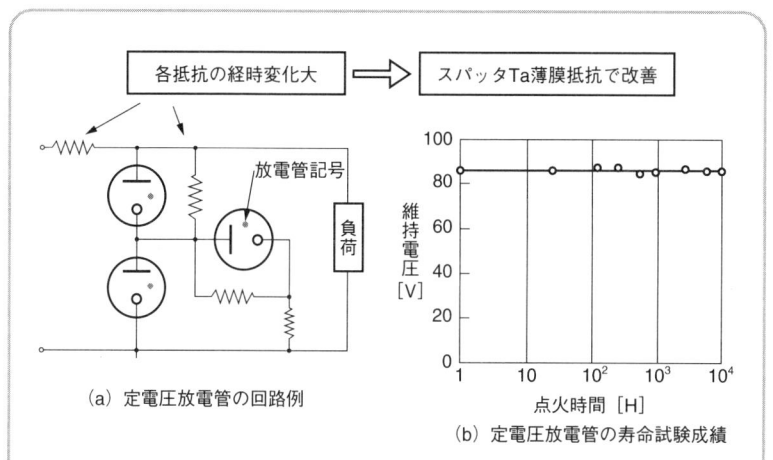

図3-41 定電圧放電管回路に起きた抵抗器の問題(a)と安定な放電管の寿命成績(b)

は緻密で極めて安定なためである。NECの真空機器グループ（現キヤノンアネルバ株式会社）でその連続スパッタ装置を開発し対処したが、国内初の大型連続スパッタ装置である。

さらに携帯電話時代の現在は周波数の変動を一層抑制する必要がある。その周波数を固定するためR_b放電管とR_b吸収管の組合せによる原子発振器が用いられている。

第4章

放電プラズマ直接応用

　本章では、垂直磁気記録のディスクやヘッド、各種の半導体デバイスなどの製造に必要なスパッタ薄膜、プラズマCVD、ドライエッチング各装置の構成、種類、動作原理などを紹介したい。とくに実用装置を重点にして、良品質の製品を作るためのポイントを述べることにしよう。

　そのほかプラズマテレビ、ガスレーザ、金属蒸気レーザ、また携帯電話の通信ネットなどに用いられているルビジウム原子発振型周波数標準器についてもとりあげる。

4-1 ● スパッタ薄膜

　現在、放電プラズマの応用の中で最大のものはスパッタ薄膜と思われる。しかもその規模だけでなく、これからのユビキタス時代の基礎である垂直磁気記録と各種デバイスの発展を支える技術にもなっている。その詳細については専門書[1),15)]にゆずり、ここではその基礎について述べよう。

(1) スパッタ薄膜誕生の原点

　真空管時代は、とくに各種の放電管においてスパッタが最大の技術問題であった。いかにしてスパッタを抑えるかに苦心した。その一端を第1章のコラム（p.10）で述べた。そして前章コラム（p.90）と重複するが、そのスパッタで作ったTa薄膜が安定な電気抵抗になることがわかった。無線通信であるマイクロ波回線に使用され、回線を安定化させた。困っていた現象が最新技術に変身したのである。真空管時代とは逆にいかにしてスパッタを速進させるかということになった。そして第3章で紹介したマグネトロン放電やRF放電を用いるスパッタ法が開発されたのである。スパッタが注目された原点は何かを**図4-1**に示す。従来の抵抗器は蒸着で作った薄膜でも経時変化が大きかったが、スパッタTa薄膜にはその変化がなく安定になった。

　理由は、その薄膜の微細構造にある。後述するようにターゲットからスパッタした原子が基板上に沈着するとき、イオンや反跳Arなどの高エネルギ粒子の助けにより極めて緻密で微細な柱状として薄膜を形成するからと理解された。

　この微細構造が注目された原点なのである。蒸着においてもイオン源を設け、成膜時に基板に加速したイオンを同時照射するイオン・アシスト法が開発されていったのである。

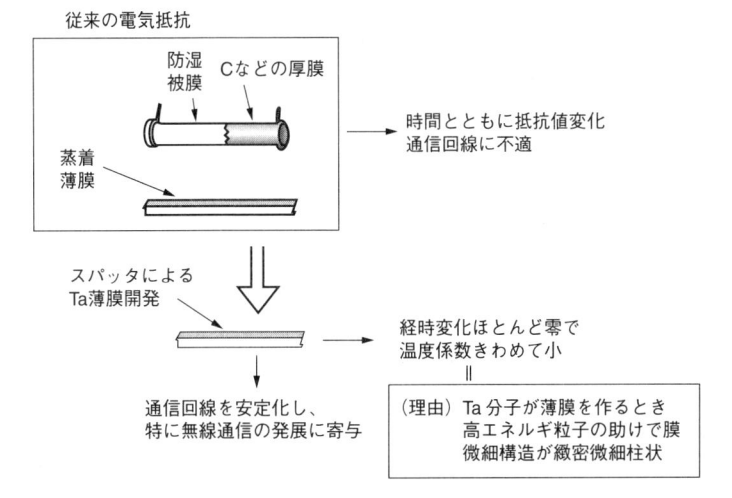

```
従来の電気抵抗
    防湿
    被膜   Cなどの厚膜
                        → 時間とともに抵抗値変化
                          通信回線に不適
蒸着
薄膜

              ⇓

スパッタによる
Ta薄膜開発
                        → 経時変化ほとんど零で
                          温度係数きわめて小
                          =
通信回線を安定化し、         （理由）Ta分子が薄膜を作るとき
特に無線通信の発展に寄与            高エネルギ粒子の助けで膜
                              微細構造が緻密微細柱状
```

図4-1　スパッタ薄膜出現の原点

(2) スパッタ装置の基本構成

　一般に、薄膜製作に当っては1回毎に真空を破って生産する「バッチ式」、連続的に生産する「イン・ライン式」、およびウエハを1枚ごとに連続処理する「カセット・トウ・カセット式」がある。いずれもスパッタによる成膜という基本は同じだからバッチ式の基本構成について説明しよう。**図4-2**がその基本構成である。

[スパッタ室]

○基板…その上に薄膜を作る平板で基板ホルダーにとりつける。
○ターゲット（カソード）…薄膜のソースで、イオン衝撃を受けスパッタする陰極である。RFやマグネトロンなどそれぞれシールドやマグネットと組合わせるがその全体をカソードという。
○シャッター…ターゲット上でターゲットを作業前にスパッタして表面をクリーニングするプリ・スパッタのとき基板に粒子がとぶのを防ぐ。また基板上においてその開・閉によって膜厚制御に使用する。

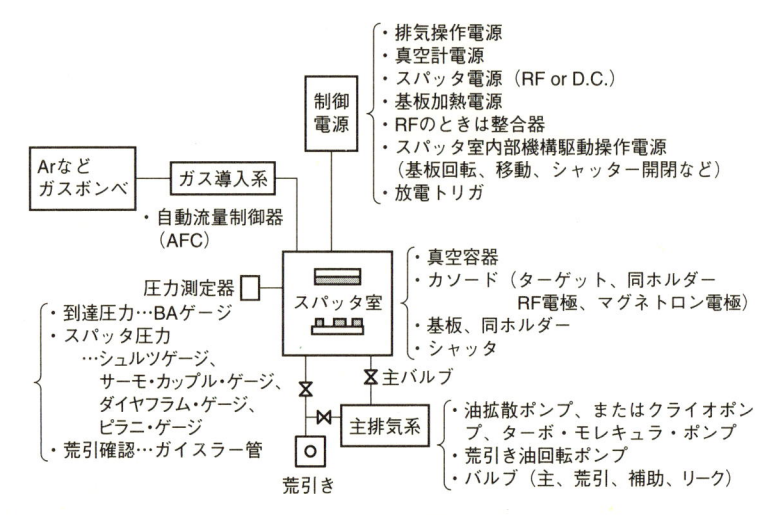

```
                           ・排気操作電源
                           ・真空計電源
                  ┌─────┤ ・スパッタ電源（RF or D.C.）
                  │ 制御 │ ・基板加熱電源
                  │ 電源 │ ・RFのときは整合器
                  └──┬──┘ ・スパッタ室内部機構駆動操作電源
                     │      （基板回転、移動、シャッタ開閉など）
┌──────┐ ┌──────┐    │ ・放電トリガ
│ Arなど │─│ガス導入系│─┤
│ガスボンベ│ └──────┘    │
└──────┘  ・自動流量制御器
              （AFC）
                     ┌──────┐ ・真空容器
           圧力測定器 │      │ ・カソード（ターゲット、同ホルダー
        ┌─────────┤スパッタ室│            RF電極、マグネトロン電極）
・到達圧力…BAゲージ   │      │ ・基板、同ホルダー
・スパッタ圧力        └──┬───┘ ・シャッタ
   …シュルツゲージ、    ╳ 主バルブ
     サーモ・カップル・ゲージ、
     ダイヤフラム・ゲージ、 ┌──────┐ ・油拡散ポンプ、またはクライオポンプ
     ピラニ・ゲージ    ─┤ 主排気系│   ターボ・モレキュラ・ポンプ
・荒引確認…ガイスラー管  │      │ ・荒引き油回転ポンプ
                      └──┬───┘ ・バルブ（主、荒引、補助、リーク）
                         荒引き
```

図4-2　スパッタ装置の基本構成

[排気系]

○ 主排気系…普通は油拡散ポンプを用いるが、10^{-5}Pa 以下という背圧が要求され油蒸気が問題のときはクライオ・ポンプまたはターボ・モレキュラポンプを使用。

[ガス導入系]

○ バリアブル・リーク・バルブ…Ar ガスをスパッタ室に導き、その流量を調節する。

○ 自動流量制御器（AFC）…流量のセンサと調節用開閉バルブからなり、設定した流量の値に固定される。

[排気コンダクタンス制御]

○ 排気主バルブ…主排気系とスパッタ室間に設けた主バルブにより流れのコンダクタンスを変え、室内圧力を調節する。

○ バリアブル・コンダクタンス…大型連続装置で液体トラップと油拡散ポンプの間に設け、液体の実効を変えず Ar 圧力を調節する。

[電源]
- スパッタ電源…RFスパッタのときはRF電源と整合器、マグネトロンはD.C.が多い。
- 排気系操作電源…各バルブの開閉を含め、自動排気が普通
- 真空計電源
- 室内の内部機構電源…基板回転、シャッター開閉などの制御
- トリガ電源…放電開始を助ける電源

方　式　にバッチ式とイン・ライン式があると説明したが、バッチ式はイン・ライン式と比較して次の問題がある。

(ⅰ) 1サイクルの中で正味のスパッタ時間より前と後工程にかなりの時間を費やし生産性が悪い。

(ⅱ) 各サイクル毎に真空を破るので空中の水蒸気が容器内壁、ターゲットなどに吸着し、悪影響を与える。これに比し連続式は放電を続け、ガス・クリーンアップによりAr純度を高める。このためバッチ式の再現性は悪い。

(ⅲ) 各サイクル毎に人の監視が必要。

イン・ライン式においては基板上の膜厚と膜質が均一なことが要求され、図4-3に示す通過型と回転型が用いられる。

[通過型]　長方形ターゲット上を等速で基板が通過する方式。ターゲットの縦方向におけるスパッタ原子束が一定で基板の速度も一定にする。

[回転型]　基板がカソード上で自転しながら公転し、均一化を図る。

さて、上記の装置構成で平板マグネトロン・カソードにより3-7節のマグネトロン放電を起こし、ターゲットからスパッタした粒子を基板に沈着させるものが 平板マグネトロン・スパッタ である。またRF電極でRF電源により3-6節の放電を起こしスパッタ粒子を基板に沈着させ薄膜を作るものが RFスパッタ である。RF放電の項でも触れたがRFスパッタの特徴をあげよう。

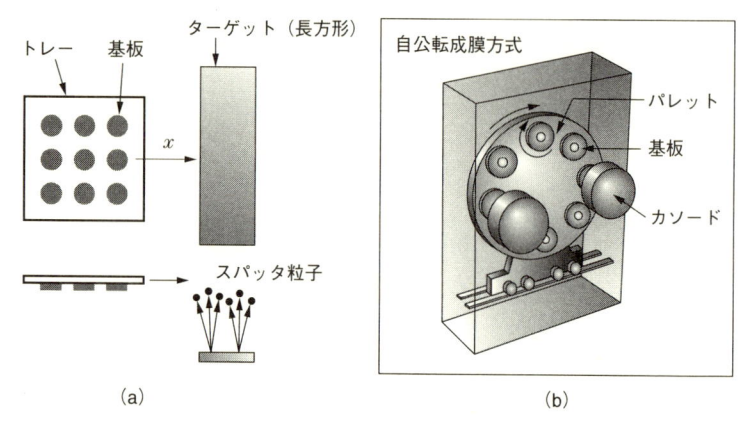

図4-3　イン・ラインにおける基板の通過型(a)と回転型(b)

[特徴]
- SiO_2 や Al_2O_3 などの絶縁体薄膜を効率よく作ることができる。
- 基板にはスパッタ粒子と同時にイオンも入射し、膜質を高密度柱状微細構造にする。すなわち、自動的にイオン・アシスト効果がある[15]。

(3) 薄膜の成長過程と特性

　ターゲットからスパッタして飛び出た原子が基板上に堆積するまでの過程は図4-4に示す3つに分けられる。すなわちArガスの空間を進む輸送①、基板表面を動きまわる表面拡散②、およびポテンシャル・エネルギの最低位置に落ちつく定着③である。まず輸送について考えると図4-5に示すようにスパッタ原子のAr原子との衝突がある。スパッタ原子とAr原子の衝突断面積を等しいと仮定すると表2-3のArに関する項目から平均自由工程は次の通りである。

$$\lambda = 0.6 [\text{cm} \cdot \text{Pa}]/p [\text{Pa}]$$

　そこでAr圧力を0.1 Paに選ぶと基板、ターゲット間距離 $d=6$ cm以上では図のように衝突散乱を起こすことになる。次に基板上の拡散②についてみてみよう。もし基板に達した原子のエネルギが低く、基板温度

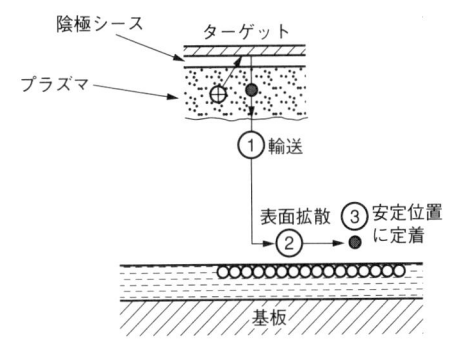

図4-4　ターゲットからスパッタされた原子が基板上に薄膜を作るまでの過程

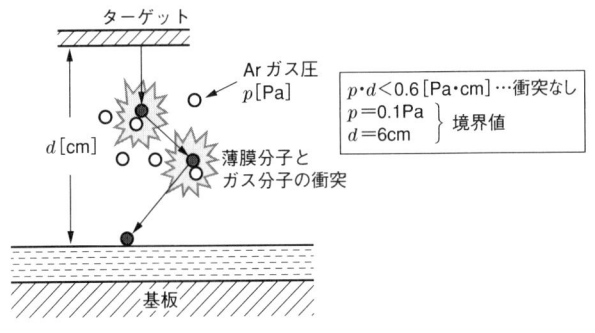

図4-5　スパッタ原子の輸送

も低いと基板の着地点にそのまま静止することになる。それが続けば緻密な膜にはならない。そこで表面拡散を促す対策をとっている。その2つの方法を簡単に説明しよう。

（ⅰ）基板温度を上げる方法

図4-6のように成膜するとき基板温度を上げて表面上を拡散させる方法である。その温度を薄膜の融点の0.3倍以上にすると拡散を始め、0.5倍でバルク化する。その間に適値がある。例えばCoのT_Mは1767 Kだから530 Kと883 Kの間、すなわち257℃以上で610℃以下に選ぶとよい。

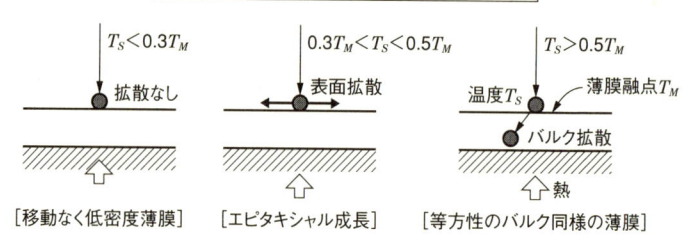

図4-6　基板温度による飛んできた原子の表面拡散

(ⅱ)　イオン（またはエネルギ粒子）・アシスト

　基板にスパッタ原子が堆積しているとき同時にあるエネルギをもつイオンや中性粒子を同時に照射する方法である。基板に入射するスパッタ粒子束j_m、エネルギV_+のイオン入射束をj_+とおき、次の条件をつくる。

$$\left(\frac{j_+}{j_m}\right) V_+ > V_d$$

　ただし、V_dは表面拡散を起こすしきい値である。しかし、V_+が大き過ぎると薄膜にダメージを与え遂には再スパッタを起こしてしまう。その事情について調べられた関係を図4-7に示す[16]。

　さて、3-8節(2)項で述べた反跳Arも基板に衝突し、アシスト効果を及ぼしている。そのエネルギV_{nr}はターゲットの種類により図3-38(b)のようになるだろう。ターゲットに入る反跳Arの入射束j_{nr}とスパッタ原子入射束j_mからその効果は次のようになる。

$$\text{反跳Arのアシスト}\cdots\left(\frac{j_{nr}}{j_m}\right)\cdot V_{nr}[\text{eV/atom}]$$

　表3-6の実験値はターゲット近くにおけるフラックス比であったが、基板上でも同じとみなし、ガス分子との衝突も無視できるとして図3-38(b)の値からおおよそ次の値が推定される

　　　Cu$\cdots 3\% \times 50$ V $= 0.5$ eV/atom

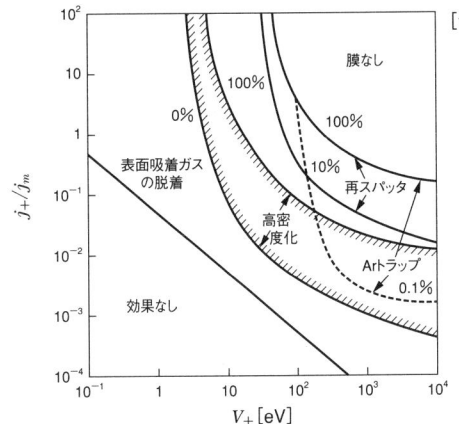

図4-7 イオン・エネルギ V_+ とイオン、スパッタ原子入射束比の関数としての照射効果[16]

[注目点]
1. $V_+>100\mathrm{eV}\rightarrow\mathrm{Ar}$トラップ
2. $V_+>400\mathrm{eV}\rightarrow$ダメージ発生
3. 密度の最高値近くで膜の内部応力が圧縮→引張りに転換する
4. V_+が低いほどイオンが影響する基板範囲小
5. j_+を増すほどグレインが小さくなる

Ta…38%×200 V＝76 eV/atom

しかし、基板までの間に衝突散乱があるから、Ar 圧力に強く影響される。

そこで Ar 圧力と基板温度の関数として求められた薄膜の微細構造の分類が実用的に用いられる。**図4-8**は通常のマグネトロン・スパッタで求められた分類である[17]。ZONE-1は薄膜内部に空孔のある低密度構造で電気抵抗が高く、環境に弱い欠陥膜である。ZONE-2、3と次第にバルクに近づいていく。ZONE-T はスパッタ薄膜でのみ得られる高密度の微細な柱（カラム）である。環境に強く、垂直配向性をもっている。各領域の基本物性を**表4-1**にまとめておこう。内部応力など薄膜の広い特性についてはその専門書にゆずることにする。

(4) 特殊スパッタ
① リアクティブ・スパッタ

Ar ガスと O_2 や N_2 などの反応性ガスを用いてスパッタするとターゲッ

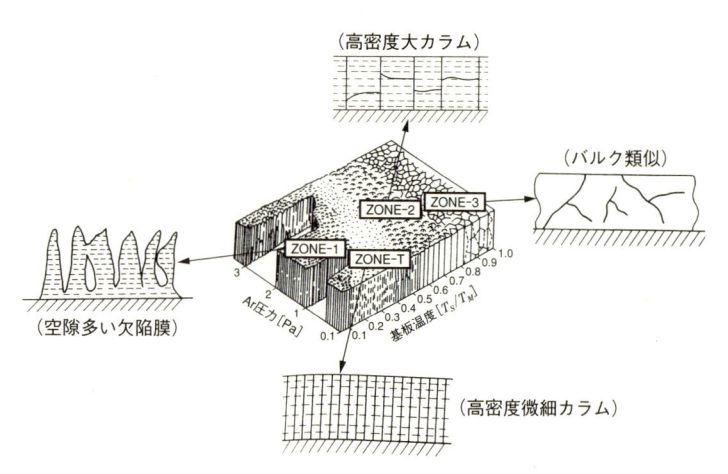

図4-8 DCマグネトロンスパッタによる金属薄膜の微細構造モデル[17]

表4-1 微細構造領域と基本特性

特性＼領域	ZONE-1	ZONE-T	ZONE-2	ZONE-3
密度	低	高	高	高(バルク並み)
電気抵抗率	高	低	低	低(バルク)
鏡面反射率	小	大	大	大
カラム大きさ	小	小	大	等方
内部応力	引張り	圧縮	—	—
耐環境性	△	○	○	○

ト元素と反応性ガスの化合物薄膜が得られる。この成膜法をリアクティブ・スパッタと呼びその模式図を**図4-9**に示す。これには次の2つの方法がある。

（ⅰ）図4-9に示す場合で、純金属または合金ターゲットを用い、Arと反応性ガスのプラズマを作り基板上にターゲット元素と反応性ガスの化合物薄膜を作る。このとき反応性ガスの割合を次第に増す

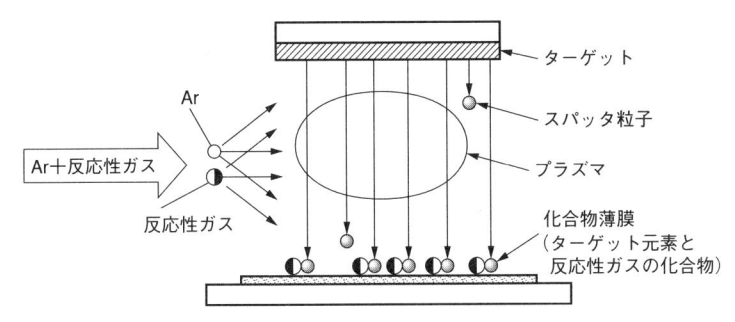

図4-9　リアクティブ・スパッタ

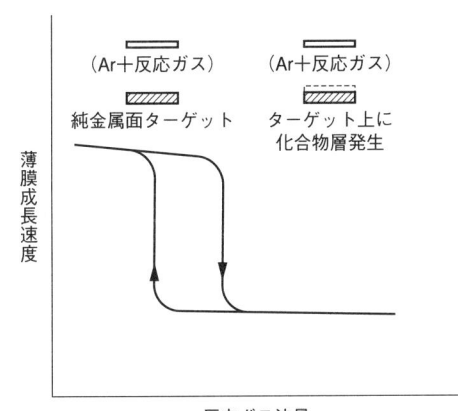

図4-10　純金属ターゲットのリアクティブ・スパッタで膜成長速度急変とそのヒステリシス

と、ある値で膜の成長速度が急減する。これを**図4-10**に示す。反応性ガスが増すとターゲット面にも飛来して化合物層を作る。金属と化合物のスパッタ率の違いによって図の変化が生じる。再び反応性ガスを減少するとターゲット面の化合物層がスパッタされ元に戻るが、化合物層の発生と離脱に差があるため図のヒステリシスが生じる。

（ⅱ）望む薄膜と同組成の化合物材料をターゲットとして、Arに少量の反応性ガスを加えRFスパッタで作る方法で図4-11に示す。もし、同左図のように純Arガスのみでスパッタすると反応性ガスが欠乏した膜になる。

そこで右図のように反応性ガスを加えるのである。

② **磁性薄膜を作るマグネトロン・カソード**

パーマロイなどの磁性材料をマグネトロン・カソードに組み合わせると図4-12左図に示すように磁気回路が閉じてしまう。従ってターゲット面の上方に強い磁力線によるトンネルを作れずマグネトロン放電を起こすことができない。同右図はこの問題を解決したカソードである。ターゲットをヨークの一部とし、底部は磁路を遮断している。この構造によってマグネトロン放電が作られ高速度で安定した磁性薄膜が作られる。

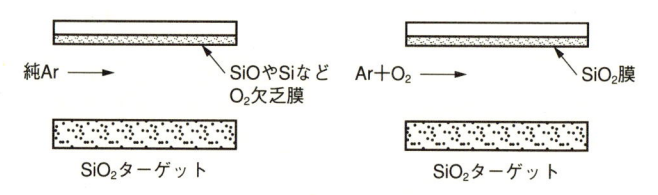

図4-11 SiO_2（化合物）ターゲットを用い純ArでスパッタするとO_2欠乏薄膜となる（左図）その防止のため$Ar+O_2$ガスを使用しSiO_2薄膜（右図）を得る

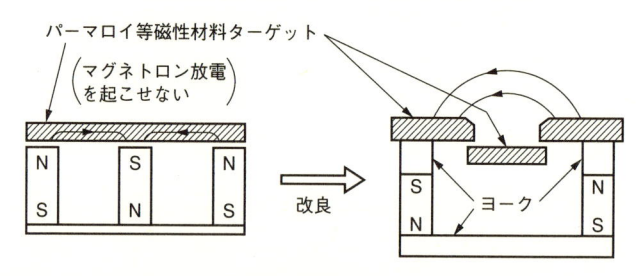

図4-12 パーマロイなど磁性材料をターゲットにしたマグネトロン・カソードの例（キヤノンアネルバ(株)）[15]

スパッタ装置は自動化が進み、改良型も現れている。良品質をつくる手順などは専門書（例えばスパッタ薄膜[15]）にゆずり、フラット・テレビの量産に使用されている装置と最先端の技術開発・生産に使用されている装置の写真を図4-13に示しておく。

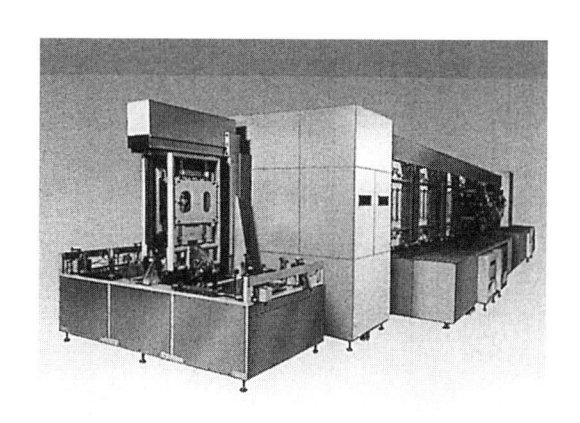

(a) インライン式スパッタリング装置C-3900
［大型ガラス基板の大量処理（ITO、金属配線、絶縁膜の成膜）用としてフラットTVの製造に使用］

(b) 高性能GMR、TMRヘッド作製用スパッタリング装置C-7100

図4-13 実用されているスパッタ装置（キヤノンアネルバ(株)資料）[18]

4-2 ● プラズマ CVD

(1) 原理

　スパッタによる薄膜作成法は物理的気相成長で PVD 法に入る。これに対し化学反応による化学気相堆積 CVD 法があって、LSI の配線、表面の保護膜および薄膜太陽電池開発などに用いられている。CVD の原理を**図4-14**に示す。薄膜の構成要素をもつ反応性ガスを反応室に流し、外部からエネルギを加え化学反応の強いラジカルを作り、基板上に薄膜を作成する。

　図2-5で C と Si は4本の結合手をもつことを説明した。**図4-15**のように遊離した結合手があると他と結合しようと強い反応性を示す。これがラジカルである。この遊び手に H をつけ安定化したアモルファス a–SiH を薄膜太陽電池に用いている。図4-14からわかるように熱や光でなくプラズマを作り、ガス温度は室温のままで、プラズマ内の電子による衝突でラジカルを作る方法がプラズマ CVD である。スパッタのときと同様にチャンバを排気して目的とする反応性ガスを導入する。安定なプラズマを発生させるため Ar などをバッファガスとして混合し、**図4-16**のよ

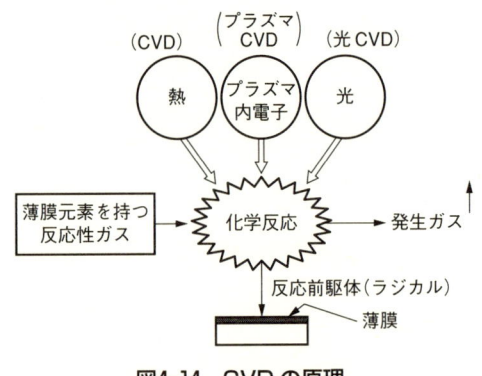

図4-14　CVD の原理

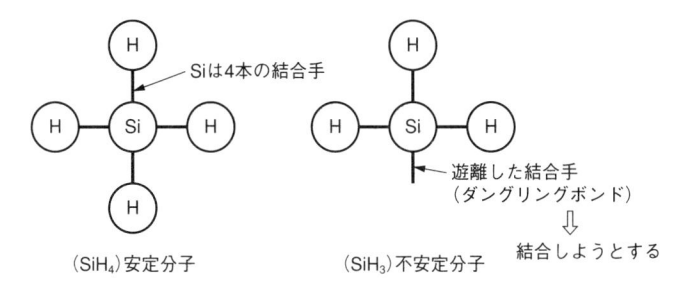

(SiH₄)安定分子 / (SiH₃)不安定分子

図4-15　SiH₃によるラジカルの説明

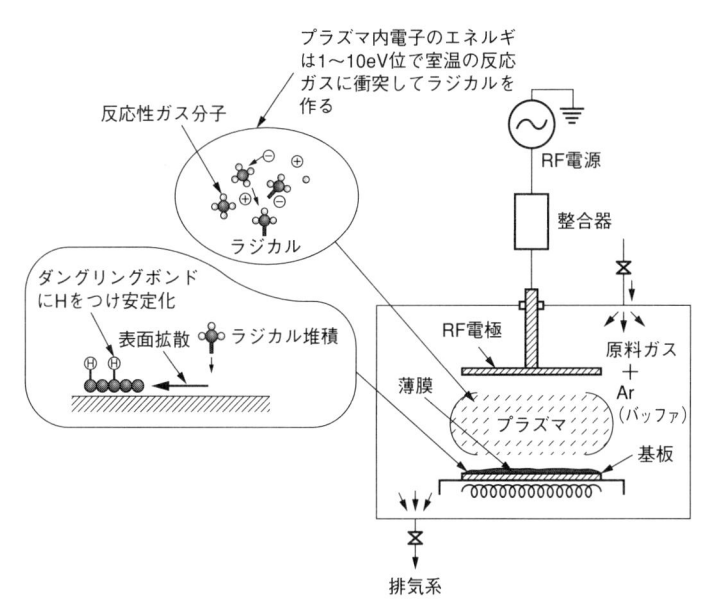

図4-16　プラズマCVDの原理

うにRF放電を使用することが普通だがDCでもよい。電極表面にはシースによる電圧降下が生じる。プラズマ内の電子は1〜10 eVのエネルギをもっている。そこで室温状態の反応ガスと衝突してラジカルを作る。このラジカルが基板に達し表面拡散で安定位置に落ち着く。そして還元結合により例えばa-Siになる。そのとき遊びの結合手があれば上

述のように H をつける。プラズマ CVD の最大のメリットは反応性ガスを高温に加熱する必要なしにラジカルを効率よく発生できることである。表面拡散を促す基板加熱は必要になる。

(2) 実用装置例[19]

プラズマ CVD はすでに液晶ディスプレイやプラズマ TV の量産に使用されている。大型のイン・ライン式として縦型の両面放電式でガラス基板搬送用トレイ2枚を同時に送りながら両面同時に膜を形成する大型基板を大量処理できる装置が実用されている。

また**図4-17**は薄膜トランジスタ TFT の成膜用プラズマ CVD の例[18]である。ポリ Si、絶縁膜 SiO_2 や SiN 膜をつくる。多数のプロセス・チャンバーとその間の移動連絡用セパレーション室、および大気と遮断して出し入れするためのロードロック室から形成されている。この方式は半導体プロセス用として開発されたスパッタ方式で、1枚毎に処理することを枚葉式という。(b)図に概要を示してある。大部分の液晶ディスプレイは TFT を同時に作り込んでその制御に当てている。いま研究開発中のカーボン・ナノチューブ・エミッタをやはりプラズマ CVD で作り、面に垂直なカーボン・ナノチューブが得られたという報告もある[20]。

(a) マルチ・チャンバ・クラスタ枚葉式プラズマCVD（C-9030/9070）[18]

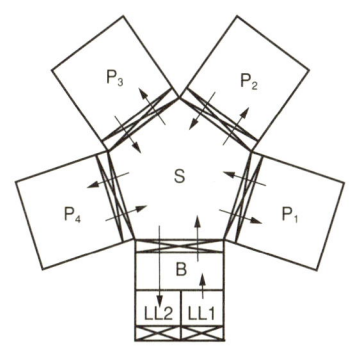

LL：ロード・ロック室
S：セパレーション室
P：処理室

(b) マルチ・チャンバ・クラスタ式

図4-17　TFT作製用枚葉式プラズマCVDの例[18]

　図4-18は他の改良型である。成膜中に入射するイオン・エネルギが高いと膜に欠陥ができる。そのダメージを防止したものである。図のようにプラズマ発生部を基板から離し、ラジカルのみをシャワー状に基板に導くように工夫されている。これによりSiO_2膜の高品質化が可能となった。

　とくにダメージに敏感なGaAs、SiC、GaNなどの化合物半導体の保護膜形成に適している。

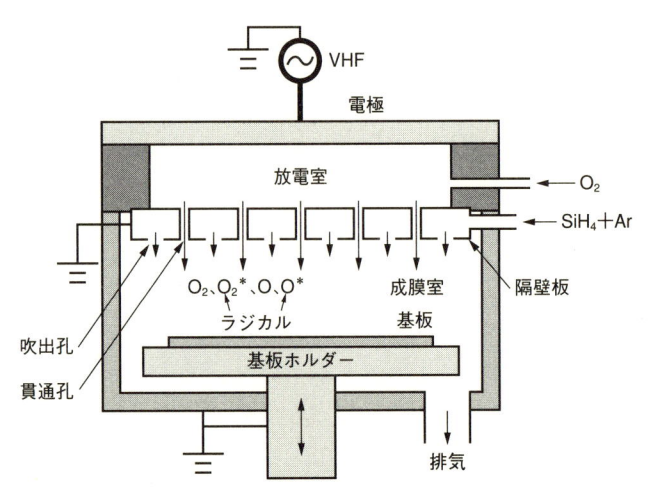

図4-18　ラジカルシャワープラズマ CVD、RS-CVD
（キヤノンアネルバ(株)技報 Vol. 12）

4-3 ● ドライエッチング

(1) プラズマ化学

前節のプラズマCVDはプラズマ化学の応用であった。昔から通常の手段では作成できないものを放電プラズマで作る場合もあったのである。反応性ガスを通してプラズマを発生すると、1～20 eVくらいのエネルギをもつ電子が反応ガス分子と衝突してガス分子を変化させる。電離、励起のほか化学的に活性度の強いラジカルなどが発生する。ラジカルは図4-15で説明したが、不対電子をもった（遊びの結合手をもつ）分子や原子のことである。分子記号の右肩に●印をつけてラジカルを示すことにしよう。なお従来通り＋、－、＊印はそれぞれイオン、負イオン、および励起分子を表す。さて、反応性ガス・プラズマの内部で生じている機構は非常に複雑で、発光するスペクトルや質量分析によって研究されている。その例を次にあげてみよう。

[O_2プラズマ]

$$\left.\begin{array}{l} O_2 + e \longrightarrow O_2^* + e \\ \text{（電子衝突）} \\ O_2^* + e \longrightarrow O^{\bullet} + O^{\bullet} + e \end{array}\right\} \text{2段の衝突で } O^{\bullet} \text{ が発生}$$

（次の衝突）

$$O_2 + e \longrightarrow O_2^+ + 2e$$

$$O^{\bullet} + e \longrightarrow O^+ + 2e$$

利用する立場から O_2^+、O_2^*、O^+、$O^{\bullet}$ が発生していることになる。

[CF_4プラズマ] 　反応機構が色々考えられているが次の生成物が観測されている。

$$CF_4 + e \begin{cases} CF_3^*,\ CF_3^{\bullet},\ CF_3^-,\ CF_2^{\bullet},\ CF_2^+,\ CF_2^- \\ F^{\bullet},\ F^-,\ CF^{\bullet},\ CF^+,\ C_2F_2 \end{cases}$$

以上の例からわかるように反応性ガスのプラズマ内には化学結合力の

```
         CF₄          ①電子衝突→各種ラジカル発生
    e                 ②ラジカル→Si表面へ拡散移送
  プラズマ              ③表面のSi原子とラジカル反応 SiF₄
                     ④反応生成物→気体となって遊離
```

図4-19　プラズマ・エッチングの模式図

強い多数の反応種が生じている。

[プラズマエッチングの基礎過程]　例えばSiをCF₄プラズマでエッチングする基礎過程は模式的に**図4-19**のようになる。プラズマ中で発生したラジカルが拡散でシリコン表面に達し、表面の構成原子Siと結合しSiF₄をつくる。SiF₄の蒸気圧は高いから直ちに蒸発して表面のSi原子はとり去られるのである。

(2) ドライエッチング技術

各種デバイスの素子寸法は年毎に微小化し、すでに100 nmを割っている。

LSI製造工程において、ウエハ上にフォト・リソグラフィでパターンを形成したフォトレジスト膜を用い、露出した下地を除去して下地パターンをつくる。この選択エッチングにプラズマ化学が使用され、ドライエッチングと呼んでいる。良品質のLSIを作るためエッチングに対する要求事項、エッチングの種類、技術動向などは鴨志田元孝博士著「ナノスケール半導体実践工学[21)]」に詳しく述べられている。本書ではドライエッチング装置としての基礎事項を述べることにする。ドライエッチングを大きく分類すると**図4-20**のように次の3種類になる。

① **プラズマエッチング**

図4-20(a)に示すように円筒形（バレル状）反応室に、反応ガスを流し、外部電極によってプラズマを発生する。その中に置かれた試料に対

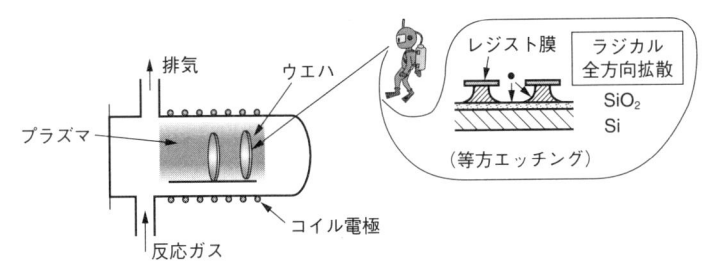

(a) プラズマ・エッチング(バレル式)

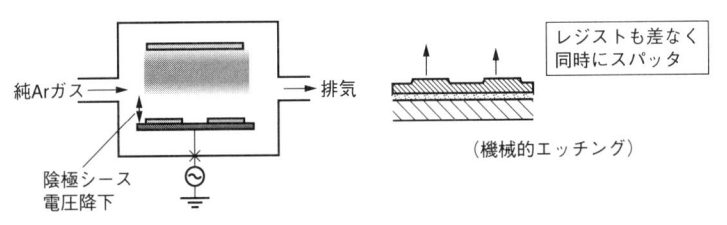

(b) スパッタエッチング(レジストとの差なし)

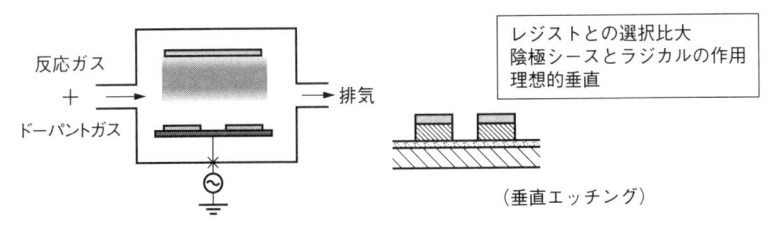

(c) リアクティブ・イオン(スパッタ)・エッチング(理想的垂直エッチング)

図4-20 ドライエッチングの基本的分類

し、ラジカルが反応してエッチングを行う。この際、試料はプラズマに単にさらすだけだからプラズマ内で無秩序運動をしているラジカルやイオンはあらゆる方向から試料に到達してエッチングする。そこで拡大図のようにレジストの下方に食い込んでしまう。エッチングの方向性がなく等方エッチングと呼ばれる。その食い込みをアンダーカットというが、LSIの品質を低下させる。

② スパッタエッチング（または逆スパッタエッチング）

(b)図のように試料をターゲットとして純Arガスのプラズマを発生させ、陰極シースで加速されたArイオンの衝撃によるスパッタで削りとる方法である。すなわち、化学反応でなく高エネルギのArイオンによる機械的エッチングである。したがって、レジスト膜も除去し、フォトレジストパターンには向かない。しかし、白金Ptなど化学反応を起こしにくいもののエッチングに利用される。

そのときのマスクにはスパッタ率の差が大きい材料を用いる。

③ リアクティブ・イオン（スパッタ）・エッチング

(c)図は(b)のスパッタエッチングと同じ装置構成だが、反応ガスを用いマスクとのエッチング速度の違い（選択比）を大きくして、アンダーカットの少ない垂直エッチングが可能な方式である。1974年日電バリアン株式会社（現キヤノンアネルバ株式会社）からリアクティブ・スパッタ・エッチングとして発表されたものである[22]。反応ガスによるあるラジカルは試料面に反応を抑える抑止層をつくる。しかし、イオン衝撃を受ける部分はたえず抑止層が除かれるので**図4-21**のように垂直エッチングになると考えられる。

イオン衝撃と化学作用の2つの効果を適度に調節すると理想的エッチングになる。そのためガスの種類、圧力、流量、電気入力によるイオンエネルギとラジカル生成、試料温度などが制御のパラメータになる。

さらに反応ガスにO_2やH_2を添加することによってエッチング速度や選択比を大きく変えられることもあってドーパントと呼んでいる。**表4-2**に主な被エッチング材料に対して有効なガスをあげておく。

図4-20(c)は基本構成で、磁界を加えたマグネトロン方式あるいはマイクロ波放電によるリアクティブ・イオン・エッチングなどが開発されている。

デバイスのプロセスとして説明したが、垂直磁気記録の実用化に応じてそのプロセス用にも必要になってきた。記録密度から見て1ビットの

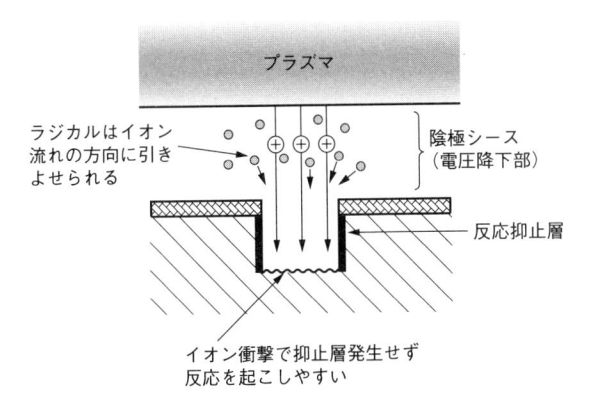

図4-21　垂直エッチングを進める抑止層

表4-2　被エッチング材料とエッチングガス

材　料	エッチングガス
Si	CF_4、CF_4+O_2、CCl_2F_2
poly-Si	CF_4、CF_4+O_2、CF_4+N_2
SiO_2	CF_4、CF_4+H_2、CCl_2F_2
Si_3N_4	CF_4、CF_4+O_2
Mo	CF_4、CF_4+O_2
W	CF_4、CF_4+O_2
Al	CCl_4、BCl_3、CCl_4+Ar
Cr_2O_3	CCl_4+Ar
GaAs	CCl_2F_2

大きさが70^{nm}×70^{nm}になった[1]。当然、ディスクやヘッドの製造工程にエッチングが必要になった。**図4-22**はその実用装置の例である[18]。磁性薄膜、酸化膜、その他各種メタルのエッチング用で生産性も高い。

図4-22　磁性薄膜用ドライエッチング装置の例
　　　　（キヤノンアネルバ社 I-4500）[18]

4-4 ● プラズマ・ディスプレイ・パネル PDP[24]

電子産業においては技術の変化がめまぐるしい。ある分野でシェアがトップだと慢心していると、より優れた技術製品が出て瞬く間に代わられてしまうのである。岩崎俊一教授によると、そのとくに大きな技術革新が40年ごとにやってくるとのことである[23]。真空管時代は正に40年で終り、半導体にその役割を譲った。その中にあってブラウン管は2倍の寿命を保った。電子ビームを作り電磁界によって蛍光体全面を容易に走査する技術に対抗できるものがなかったためであろう。全面を走査し、画素が $1025×525=5.33×10^5$ 個でハイビジョンは倍以上と多い。その画素数に等しい放電セルを作ってブラウン管を駆逐したのがプラズマ TV である。ブラウン管の欠点である電子ビームをあやつるための奥行が不要で薄いままで大画面を達成した。その原理を述べよう。

(1) カラー3極 AC 型 PDP の構造[25]

プラズマ・ディスプレイ・パネル PDP には陰極と陽極がプラズマと直接接触する DC 型があるが、コストや寿命の観点から3極 AC 型が主流になっているので以下 DC 型には触れない。**図4-23**はプラズマテレビの PDP をナノ人間がみた図である。前面ガラス基板に2つの電極からなる表示電極を、背面ガラス基板に画素を選択するアドレス電極を設けてある。表示電極の表面は低融点ガラスと保護膜の MgO で覆われている。アドレス電極も低融点ガラスに覆われ、それに平行して両側に隔壁(リブ)を立てその底面と側面に R(赤)、G(緑)、B(青)の蛍光体を順に塗ってある。この前面パネルと背面パネルの2枚を作ったのち、前面の表示電極と背面のアドレス電極が直交するように貼り合わせ、排気処理後 Ne+数%Xe を封入してある。

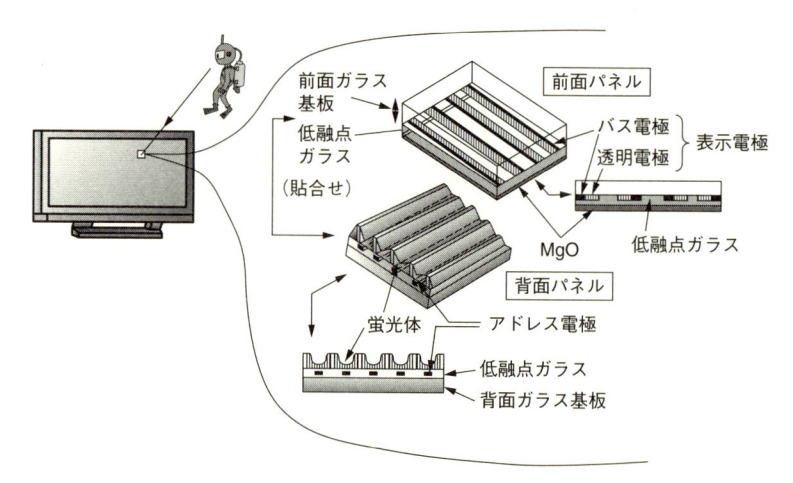

図4-23 PDP（3極AC型）の構造

それらの要点あげておこう。

[表示電極]　透明導電膜であるITOまたはSnO_2膜を用いている。しかし大型基板ではその長さが1 mにもなるので電気抵抗が増し電圧降下を生じてしまう。そこで金属によるバスを設け、光通路を妨げないように透明電極に接触している。

[主なプロセス]

　透明電極、バス電極、MgO…真空プロセスで成膜

　低融点ガラス、リブ、蛍光体層、シールなど…スクリーン印刷

[リブの形成]　フォトリソグラフィでパターン化後サンドブラスト

(2) PDPの原理

　前面パネルの表示電極と背面パネルのアドレス電極が直交する点はリブに囲まれた微小放電セルになる。その数は40インチ級で1280×1024個、ハイビジョンで1920×1035≒$2×10^6$個になる。これが画素としてはたらき高精細テレビを実現している。その放電セルの大きさは数100 μmであるが、拡大して図4-24に示す。2つの表示電極間に放電維持電圧よ

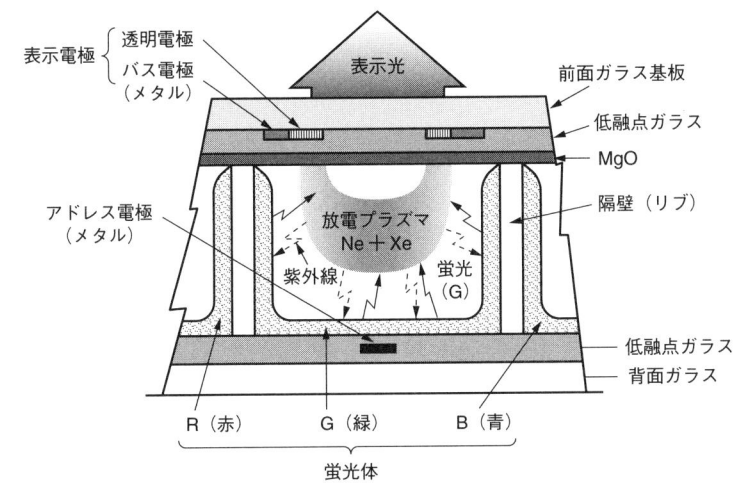

図4-24 PDP の動作原理図

り高く放電開始電圧以下の AC 電源（約200 V）が加えられ、アドレス電極に信号（約50 V）が入ると、表示電極のいずれかとの間で放電開始電圧を越え、放電を起こす。これが引金となって2つの表示電極間の放電が発生する。そのプラズマから紫外線が生じ、蛍光体を照射する。そして発光した蛍光が前面パネルから出てくる。その要点をあげてみよう。

[放電特性]
○ 有効紫外線…Xe が放出する波長147 nm と172 nm
○ 放電開始電圧を下げる…● Xe とのペンニング効果として Ne ＋数％ Xe（表3-2）
  ● パッシェンの法則で V_{smin} に対応する $(pd)_{min}$ から選ぶ。$(pd)_{min} ≒ 300$ Pa·cm とみなし（図3-6）$d ≃ 10^{-2}$ cm から $P ≒ 3×10^5$ Pa（〜300 Torr）
  ● MgO のイオンによる2次電子放出係数 γ は普通の金属より1桁大きく、放電開始と維持電圧を下げる。

[動作特性]

○ メモリ機能…表示曲線を順次走査して画像を表すが、その走査数を増すと実発光時間が短くなって輝度が下がる。AC形PDPはメモリ機能があるので、走査線が多くなっても一定の駆動周波数で動作できる。そのメモリ機能を説明しよう。図4-24の放電セルは放電空間と各電極は誘電体で隔てられている。いま理解しやすくするため**図4-25**(a)のように対向した2極管として考えよう。放電で発生した電子とイオンは電極で消えることなく誘電体表面に蓄積する。これを壁電荷という。静電容量（C）に電荷（Q）がたまると $V_w = Q/C$ なる壁電圧が発生する。この値は逆起電力になるから空間にかかるギャップ電圧 V_g は低下し、維持電圧以下となって放電は消える。次に印加電圧が逆極性になると壁電圧は同方向で加算されギャップ電圧 V_g は放電開始電圧を越え逆方向の放電を起こす。このようにしてメモリ性能をもつことになる。

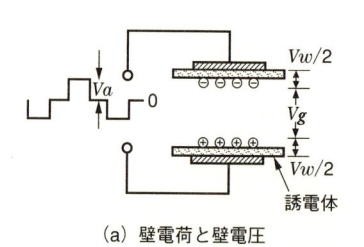

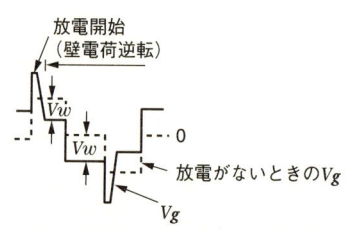

(a) 壁電荷と壁電圧　　(b) 矩形波電圧印加によるギャップ電圧 V_g

図4-25 壁電圧 V_w とギャップ電圧 V_g

4-5 ● ガスレーザ

　パルス的に発振する固体レーザに続いて、連続的に発振できるガスレーザが1961年に発明された。マイクロ波通信の次世代を担うレーザ回線用として大きな希望を与えたのであった。A. Javanほかによる He-Ne レーザである[27]。これは正に放電管で、その後多くのガスによる特徴あるガスレーザが開発されていった。その全容は他[26]に譲りガスレーザの基本原理と種類、放電からみた設計の概要、幻になったホロー放電型レーザの要点を述べることにする。

(1) 基本原理とガスレーザの種類

　図3-2(b)に示したように電子の衝突で励起された原子は、再び元の安定状態に戻る。そのとき励起されたエネルギを光として放射する。波長は光の値だが約10 cm位で消える波連である。プラズマ内で生じる励起衝突の場所も時間も無秩序で、図4-26(a)のように各波連は互いに何の関係もなく四方に放出されている。これがプラズマ発光の姿である。一方、レーザは光波長で(b)図のように時間的にも空間的にも連続した波である。さて、光の元は励起状態の原子だがどのようにしてレーザが得られるのだろうか。

反転分布

　図4-27(a)のようにエネルギ準位の高い E_2 に低い E_1 よりも多数の励起原子が発生した状態を反転分布という。この中に $E_2 - E_1$ に相当する光が入るとその刺激で E_2 の原子は入射光と同じ位相で強めながら E_1 に落下する。これを次々に繰返し、振幅の大きな波になっていく。これを誘導放出という。すなわち、反転分布になったプラズマは光を増幅できるのである。

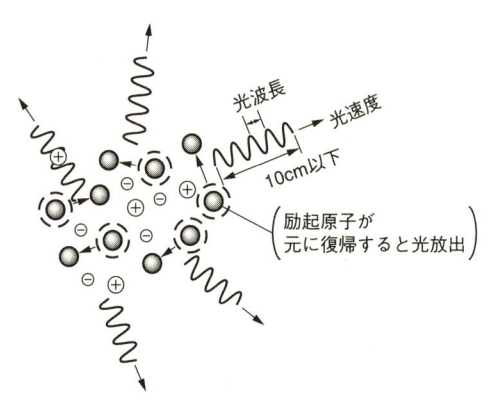

(a) プラズマの発光（多数の無秩序な波連の集合）

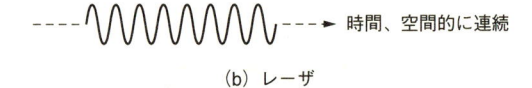

(b) レーザ

図4-26　プラズマ発光とレーザの違い

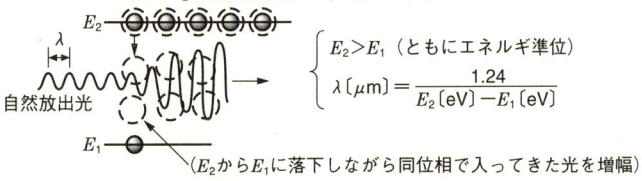

(高いE_2の励起原子数がE_1の数より大)

$E_2 > E_1$（ともにエネルギ準位）

$$\lambda [\mu m] = \frac{1.24}{E_2 [eV] - E_1 [eV]}$$

自然放出光

(E_2からE_1に落下しながら同位相で入ってきた光を増幅)

(a) 反転分布$n_2(E_2) > n_1(E_1)$による光増幅

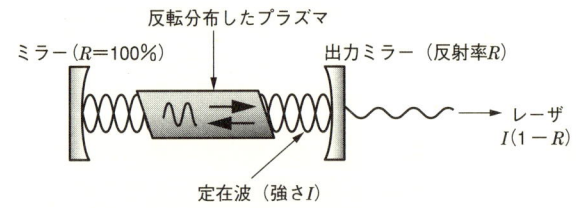

ミラー（$R=100\%$）　反転分布したプラズマ　出力ミラー（反射率R）

レーザ $I(1-R)$

定在波（強さI）

(b) 反転分布をしたプラズマを挟んだミラー間でレーザ発振

図4-27　ガスレーザの基本原理

⌜ミラー共振器によるレーザ発生⌝

さて、反転分布を作ったプラズマを適切な2枚のミラー間に配置し、(b)図のように調整すると、それぞれのミラーに達した光は反射しプラズマを通るたびに繰返し増幅され、遂に損失と平衡してミラー間に定在波ができる。ミラーの片方は100％の反射とし、他の反射率をR（$1 > R$）とすると、ミラーの損失が無視できれば共振器内の定在波から（$1-R$）倍だけ外に出てくる。これがレーザ出力である。プラズマの増幅能と（$1-R$）の値をマッチングすると最高の出力を引き出せる。以上からわかるようにガスレーザは反転分布の作成法によって分類される。その種類は結構多いが代表的なものは次の通りである。

- He-Ne レーザ…Ne の励起原子 Ne*に反転分布を作る原子レーザである。混合した He の He*の寿命が長く Ne＋He*→Ne*＋He の衝突で反転分布を作る。
- Ar レーザ…Ar イオン Ar$^+$の励起状態を用いるイオンレーザである。
- CO_2レーザ…CO_2の分子内振動の準位を用いる。レベルが低く赤外線を放出する分子レーザという。
- エキシマレーザ…希ガスとハロゲンの化合物は励起状態としてのみ存在でき、エキシマという。エキシマが元のガスに戻るときはレーザの下位準位が空とみなせる。紫外線出力のレーザのため微細化パターンを作る光源になる。

以上のガスレーザを主な用途とともに**表4-3**に示す。

(2) ガスレーザの細管設計

ガスレーザは直線の細管部分に生じるプラズマ内で反転分布を作っているものが多い。その設計のポイントについて述べよう。

[He-Ne レーザ]　**図4-28**は He-Ne レーザの細管部を示す。その管径 D とガス圧 p については反転分布を効率よく作るように求める。図からわかるように電子の衝突によって励起原子を作るので、その確

表4-3 主なガス・レーザ

種　類	反転励起レベルの種類	主波長[μm]	出　力	用　途
He–Neレーザ	Ne*	0.63	~mW（連続）	計測ほか
Arレーザ	(Ar$^+$)*	0.51 0.488	~25 W（連続）	医療
炭酸ガスレーザ	CO_2分子振動	10.6	~40 KW（連続/パルス）	加工 医療
エキシマ・レーザ	(ArF)*	0.193	0.5 J（パルス）	半導体プロセス
	(KrF)*	0.248	1 J（同上）	
	(Xecl)*	0.308	1.5 J（同上）	
	(XeF)*	0.351	0.5 J（同上）	

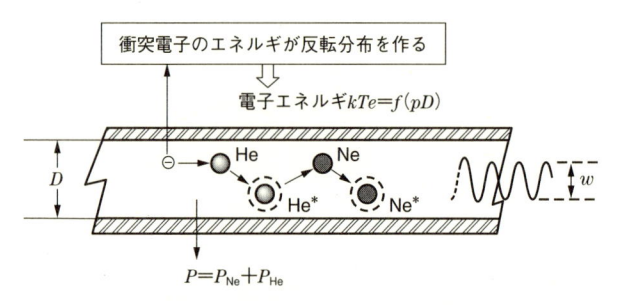

図4-28　He-Neレーザの細管部

率を増す電子エネルギの値がある。そこでレーザ出力の高い条件を満たす細管プラズマに探極をそう入してプラズマ内の電子温度 kTe を測定した。放電電流40 mAにおいて $kTe \fallingdotseq 5$ eV、電子密度 1.7×10^{11} 個/cm^3 が得られた[28]。一方、管径 D は細いほどレーザ準位の下位レベルが管壁で多く消滅するから好ましい。しかし図のようにレーザの太さ w よりは大きく選ばねばならない。そして次の範囲が設計基準として推奨されている。

$D > 2$ mm
$pD = 380 \sim 480$ Pa·mm
$p = p_{He} + p_{Ne}$
$p_{He} = 5\, p_{Ne}$

[Arレーザ]　Arイオンの励起状態を利用するため、まずArイオン（電子密度に等しい）を作りそれを励起するため電子密度の2乗で半転分布が得られる。He-Neレーザ管の動作電流が数10 mAに対し、Arレーザは約10 Aの大電流を流す。いま3 mm-φの細管で13.3 Pa（0.1 Torr）のガス圧で10 Aの電流を流すと発振する。そのとき細管内の現象を解析すると図4-29のようになる。すなわち、電子は細管の断面を6.25×10^{19}個/sの流れとなり、平均自由工程 λ_e（表2-3）と分子密度 n（表2-2）から電子が1 cm進む間にAr原子は10^6回の衝突を受ける。すべて弾性衝突とすると3-1(1)項の損失係数は2.7×10^{-5}とわずかだが数量が優って陽極側へ押し流される。そのため陰極側のガス密度は低下し、発振が止まってしまう。そこで陽極側に運ばれたArガスを陰極側に戻すためのリターンパスを設けて解決している[26]。

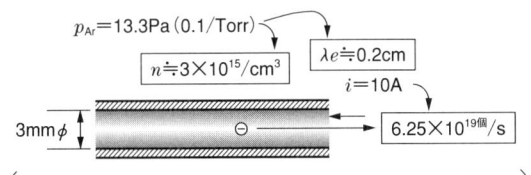

図4-29　Arレーザで細管内のArガスが陽極側に運ばれる

(3) 金属蒸気レーザ

　ガスレーザは使用するガスによって定まる固有の波長に限定される。

穴の中に強い放電を生じ、スパッタした金属原子の密度が封入ガス以上となって金属の強い発光をする。

マイカ
陽極
ホロー陰極
セラミック

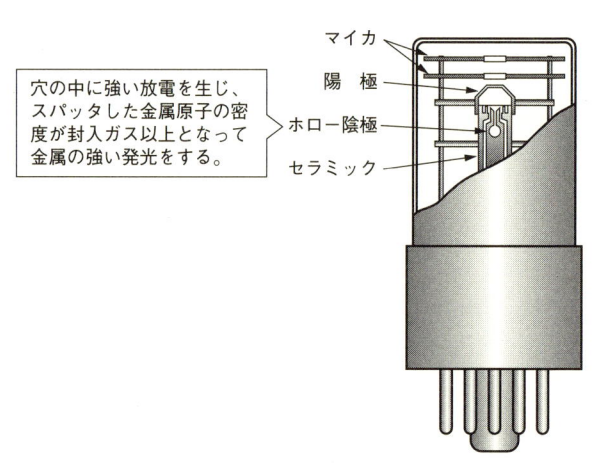

図4-30　光変調放電管1Ｂ59の構造

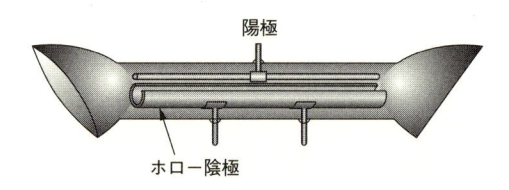

陽極
ホロー陰極

図4-31　ホロー放電形ガス・レーザ管

そこでより広い波長のレーザを得ようと考え、光変調放電管を思い出した。図4-30に示す放電管で写真電送に使用された。陰極に穴を設けるとグロー放電の陰極降下部分が穴の中に入ってスパッタが活発になる。スパッタした金属原子の密度が封入ガスを越え、強い金属蒸気のスペクトルを放出する[30]。ホロー陰極放電である。そして図4-31に示すホロー放電形ガスレーザ管を試作発表した[29]。その後浅見義弘教授研究室で研究が進められ白色レーザとして注目されたが実用にはなっていない。

一方、金属を加熱して得た蒸気で放電するレーザ、He-Cdレーザが開発された。図4-32に概要を示すが、Cdを蒸発させるため約250℃に加熱し、細管の他方に再び凝縮させる部室を設けブリュースタ窓にいかな

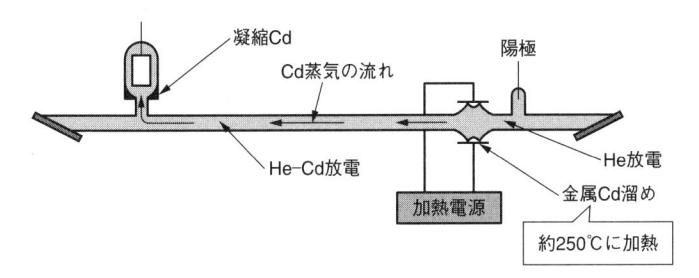

図4-32 陽光柱形 He-Cd$^+$ レーザ管

いようにしてある。He ガスとの混合ガスとして波長0.4416と0.325 μm の短波長レーザである。

さらに、原子力関係で重要なスペクトルをもつ銅蒸気レーザの開発が続けられているが加熱蒸発方式が大部分である。

著者の独り言を書いておこう。銅のスパッタ率は高く、普通の平板放電においてもスパッタした Cu 原子ガスの密度が高くなり、Ar ガスを排気しても Cu 原子プラズマが自続する。セルフ・スパッタという。加熱で高温部を設けることは不安定の元になるからスパッタ蒸気を使用した方がベターと考える。

4-6 ● ルビジウム Rb 原子発振器

前項で金属蒸気を放電させる金属蒸気レーザを説明したが、ルビジウム Rb というアルカリ金属の蒸気を用いたランプと吸収管により優れた周波数標準器や弱磁力の高感度測定器が得られる。ここではその概要を述べたい。

(1) 動作原理

説明のため、単一セル帰還発振型 Rb 磁力計[31]の構成を図4-33に示す。構成の主なものは次の通りである。

- Rb ランプ…Rb とバッファガス He を封入した 1 cm−φ くらいの無電極球形ランプで約 100 MHz の高周波を管外から加え、無電極放電をさせる。
- Rb 吸収セル…数 cm−φ×(5〜10 cm) の円筒形で、ランプ同様のガスを封入してある。両端面は光損失を減らしたガラス窓になっている。
- フィルタ…Rb ランプの発光スペクトルから D_2 線を除き D_1 線を通すもので、誘電体多層膜から作られている。
- 光検知器…Rb 発光の D_1 線 (0.7948 μm) に対して感度のよい検知器

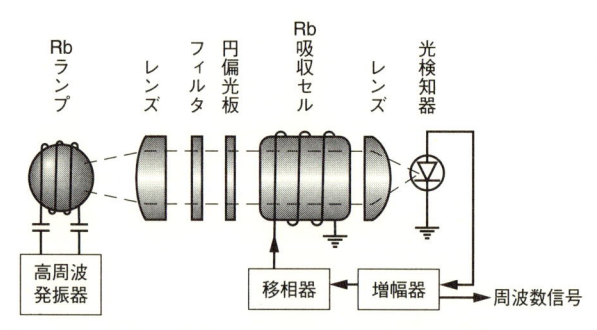

図4-33 Rb 原子発振器 (高感度磁力計)

を選ぶ。

さて、Rb 発振器もレーザと同じように Rb 固有のエネルギ準位を用い光によって反転分布を作る。光ポンピングという。図4-34(a)は Rb^{85} の準位図である。図4-33のランプを点灯すると準位図に示す D_1 線と D_2 線が放射されるがフィルタによって D_1 線のみをとり出す。円偏光板で右廻りの円偏向にして吸収セルに導く。セル内の蒸気になっている Rb 原子はこの D_1 線で $5P\frac{1}{2}$ に励起されるがその副準位 mF は1ずつ上に入る。約 10^{-8} 秒で $5S$ に戻るが、繰返すうちに $5S\frac{1}{2}$、$F=3$、$mF=3$ に蓄積し、$mF=2$ との間に反転分布ができる。その様子を模式的に図4-34

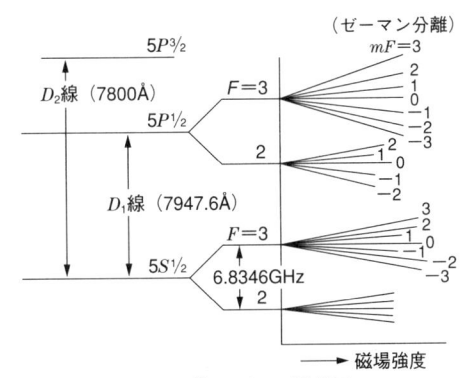

(a) Rb^{85} のエネルギ準位図

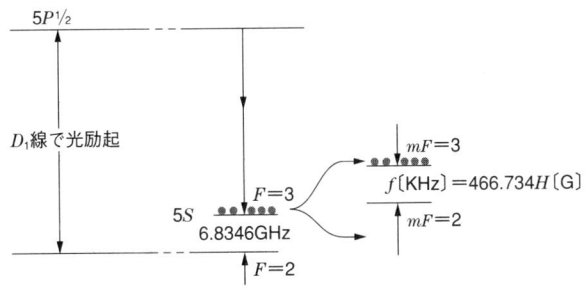

(b) 光励起で反転分布
($5S$, F_2-F_3 の間、および磁場により F_3 の mF_2-mF_3 の間)

図4-34 Rb のエネルギ準位と光励起による反転分布

(b)に示す。ただし、旧単位系のガウス G で示してある。地磁気約0.45 G におけるエネルギ差は $f=466.734\times0.45=210$ KHz になる。レーザの誘導放出は光であったが Rb 磁力計では RF 電波になる。

さて、図4-33で吸収セル内の Rb が反転分布すると D_1 を吸収できないから D_1 線は光検知器に入る。コイルに帰還された RF によって反転分布が解消すると再び D_1 線を吸収し光検知器の光入力は減少する。この受光量の増減はコイルに帰還される高周波の周波数と同じになる。位相を調整し、回路利得が十分なら発振する。その周波数から H が求められる。その精度は 0.1γ （$1\gamma=10^{-5}$G$=10^{-9}$T）以下である。

(2) Rb 周波数標準器

図4-34(a)の$5S\frac{1}{2}$、$(F=3、mF=0)$ と $(F=2、mF=0)$ の間で反転分布を作り6.8346 GHz の帰還型発振器にすると安定な周波数標準器になる。吸収セルに帰還するコイルを空胴共振器としてコンパクト化することもできる。**図4-35**の構成で製品になっている。Rb 原子固有の周波数からシンセサイザによって10 MHz ほかの標準周波数を出力している。テレビ放送、通信において各ネットの周波数安定度は極めて重要な課題である。携帯電話の基地局には恒温槽付きの水晶発振器が主に使用されてきた。その周波数精度は1×10^{-7}程度である。次世代のモバイル通信では、この程度の精度ではたえず校正が必要になると言われている。これに対して Rb 発振周波数標準器は Rb 原子固有のスペクトルを規準にしているから長期にわたり安定でその周波数精度は10^{-9}という製品も多くみられ、長期間校正の手間が省略できる。Rb の蒸気圧は40℃で約10^{-4}Pa の動作に適した値で Cs 発振器などに比べて小形にできる。

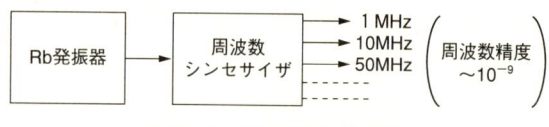

図4-35　Rb 周波数標準器

コラム：世界に発信した国産技術 RIE

リアクティブ・イオン・エッチング RIE はデバイスを超微細化するプラズマ・プロセスとして常識になった技術である。4-3節(2)項③で述べたようにこの技術は日電バリアン（現キヤノンアネルバ(株)）の関係技術者によって発明、開発されたのである。垂直に近いエッチングができ Al と SiO_2 のエッチング選択比が30以上におよび当時としては画期的な成績を示した。技術陣を代表し細川直吉君が第6回真空国際会議（1974）で発表した。その反響は驚くほど大きかった。

その後、著者は米国真空協会（AVS）の講演会（1977）でドライエッチング技術に関するレヴューを拝聴した。そのレヴューでは、従来からのプラズマエッチングとスパッタエッチングの利点と欠点をあげ、RIE は両者の利点を併せもつ優れたプロセスであることが示された（**図4-36**）。その技術は日本の日電バリアンによって発明・開発されたとして第6回真空国際会議での細川君の論文が紹介されたが、同席していた

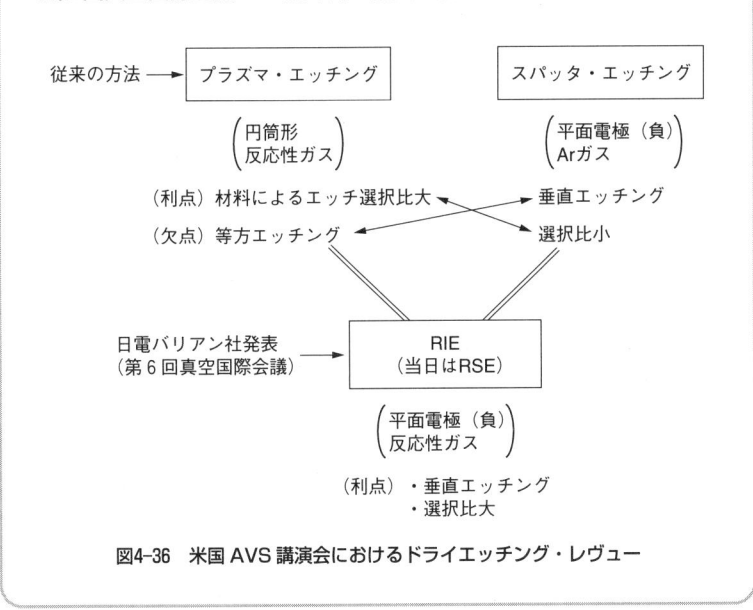

図4-36 米国 AVS 講演会におけるドライエッチング・レヴュー

バリアン社の技術者から羨望の眼で凝視されたことが印象的であった。ちなみにその後 IBM の技術者達が多勢来社されたのであった。

　電子産業の技術革新は非常に激しい。たえず次世代の有効な技術開発を行い世界に発信することが企業にとって生き残る基礎だと強く感じる出来事であった。

第5章

プラズマ・プロセス応用

　本章ではスパッタ薄膜、RIE、プラズマCVDなどプラズマ・プロセスによって作られる様々な応用について説明する。ストレージの主流になった垂直磁気記録のディスク、ヘッド、記録などをはじめ、超LSIの微細化に伴う電子のトンネル効果の対策として提案されたSGTを概説する。

　また、高効率レーザである量子井戸レーザ、高速動作を実現したHEMT、脳磁界まで計測するSQUIDをとりあげる。電子を単なる電荷をもつ微粒子だけでなくスピン磁気と電子波の性質をもつとして展開してきた新しい分野であるスピントロニクスを概説する。

5-1 ● 垂直磁気記録

1-3節において、垂直磁気ハードディスクの驚異的な性能を概説した。岩崎俊一教授の発明でその主要部は、プラズマプロセスにより作られる。ここではその詳細を説明しよう。

(1) 強磁性体

磁石が鉄片を引きつけることは子供のときに経験している。磁石の上に厚紙をのせ、その上に鉄粉をふりかけると**図5-1**のように曲線の模様が現れる。この曲線が磁力線で、その接線が磁界の方向を、線密度が強さを示している。

一方、電流 I が流れていると**図5-2**のようにそのまわりに磁界が発生し、閉じた電流を磁界中で流すと図2-9(a)のようにモータをまわすと回転力が生じる。

それでは磁石の作る磁界はどこからくるのだろうか。そこでもう一度2-1節(3)の原子をみてみよう。原子核の外側を電子が周回していた。電子の運動は電流だから円環電流になる。そこで図2-9(a)から、**図5-3**の周回による磁気モーメントと電子のスピンによる磁気モーメントが生じ

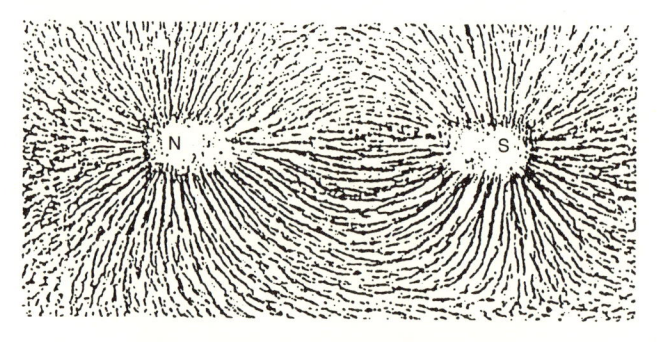

図5-1　棒磁石による磁力線を描く鉄粉

$$H = \frac{I}{2\pi r} \text{ [A/m]}$$

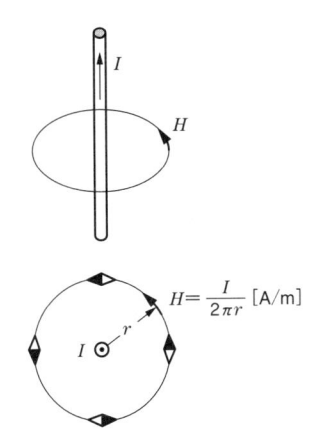

図5-2 電流 I のまわりに磁界 H が発生する

る。陽子など核の磁気モーメントも含め全体の磁気モーメントをベクトル加算すると原子磁化が求まる。普通の元素ではその合計が零となって磁性を示さない。ところが最外殻電子より内部の殻の軌道に電子の空席がある遷移金属と希土類金属はその非平衡によって磁化が生じる。これを自発磁化という。この磁性体が消磁状態にあるときは自発磁化が一様な微小区域を作り全体区域で打ち消し合っている。この小区域を磁区、隣の磁区との境界を磁壁という。

図5-4は Co 単結晶に磁界 H を加え磁化させるとき、その結晶軸にどのように依存するかをみた特性である。c-軸 [001] 方向は磁化されやすく、その直角方向 [100] は磁化がゆるやかに進む。c-軸方向はその方向に平行な磁区になっているので磁壁が移動し全体が一様になる。その直角方向の磁界に対しては磁区中の磁化がねじ曲げられるもので磁化回転という。そこで c-軸方向を磁化容易軸、直角方向を困難軸という。困難軸方向に磁化を飽和させるのに必要なエネルギを磁気異方性エネルギという。

以上は鉄やコバルトなど同じ方向の自発磁化の場合でフェロ磁性という。フッ化マンガン M_nF_2 などは隣り合うスピンが反平行で、磁化は強

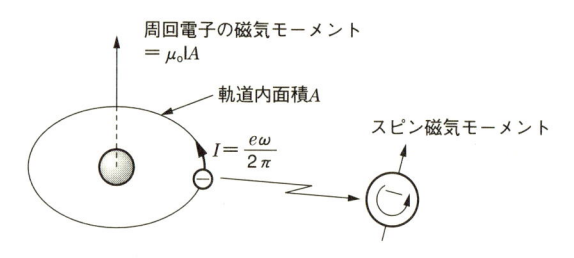

周回電子の磁気モーメント
$= \mu_0 IA$

軌道内面積 A

$I = \dfrac{e\omega}{2\pi}$

スピン磁気モーメント

（a）原子の周回電子とスピンによる磁気モーメント

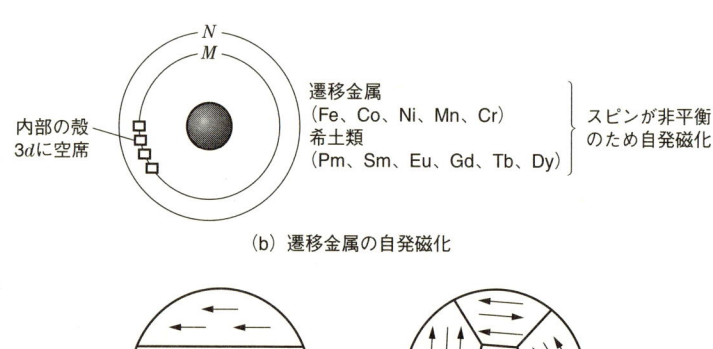

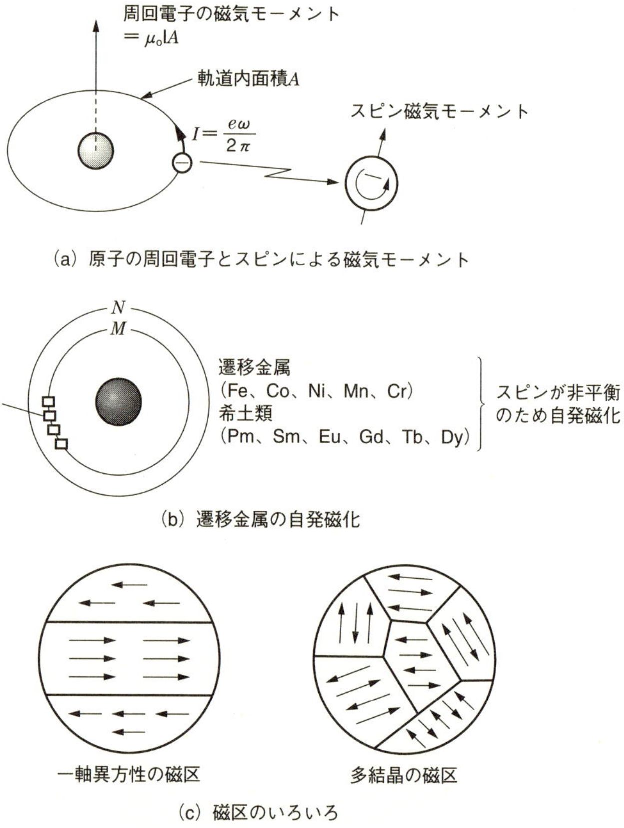

N
M

内部の殻
$3d$ に空席

遷移金属
（Fe、Co、Ni、Mn、Cr）
希土類
（Pm、Sm、Eu、Gd、Tb、Dy）

スピンが非平衡
のため自発磁化

（b）遷移金属の自発磁化

一軸異方性の磁区　　　　多結晶の磁区

（c）磁区のいろいろ

図5-3　原子の磁気モーメント、遷移金属の自発磁化、磁区

いが反方向のため打ち消し合っている。これを反強磁性という。

　さらに反方向の磁化が弱く、その差が表れるフェリ磁性がある。これにはフェライトなどがある。**図5-5**に以上の模式図を示す。いずれも磁性薄膜として応用されている。

　さて、図5-4ではCo単結晶の消磁状態から飽和までの磁化特性を示した。これは初期磁化曲線で、**図5-6**のように飽和してから印加磁界を再び下げると初期磁化曲線から離れ $H=0$ になっても B_r だけ残る。こ

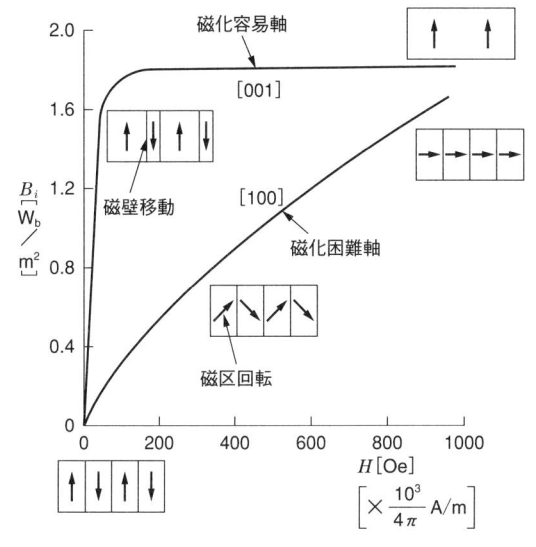

図5-4　Co単結晶の結晶軸方向と磁化曲線

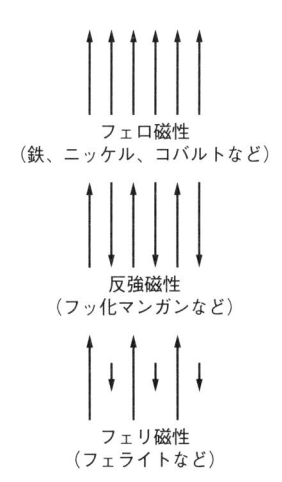

図5-5　3種類のスピン配列

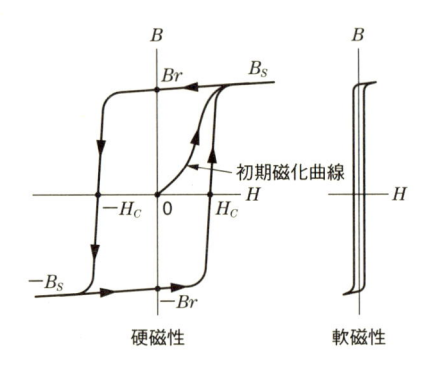

図5-6　硬、軟各磁性材料の *B–H* ヒステリシス

れを残留磁束密度という。さらに逆方向に磁界を加えると B は減少し、$H=-Hc$ で $B=0$ になる。この Hc は保磁力または抗磁力と呼ばれる。逆方向磁界を一層強めると負の飽和値 $-Bs$ になる。H を再び正方向に変化させると $-Br$、Hc を経て Bs に戻る。この特性をヒステリシスというが、記録材料の特性になる。いまヒステリシスが角形とすると、Hc と $-Hc$ によって Br および $-Br$ として記録される。さて強磁性材料には2つのタイプがある。Hc が非常に小さくすぐ磁化されるものと Hc が大きくヒステリシスエネルギ（ヒステリシス面積）の大きいものである。前者を軟磁性体、後者を硬磁性体という。記録媒体としてはもちろん硬磁性体が使用され、軟磁性体は磁気の通路として磁気抵抗を下げるために重要である。

（2）磁気記録史と垂直磁気記録発明[32]

磁気的記録法としてはデンマークのポールセンの発明が最初である。真空管もない時代でイヤホンでかすかに聞くくらいでかえりみられなかった。

図5-7に主な歴史経過を列挙してある。1935年に AEG 社からリングヘッドが発明され記録媒体の片側からそのギャップ磁界で長手方向に記録

第5章 プラズマ・プロセス応用

1898年	ポールセン	鋼鉄線を挟んだ上下ヘッド
1935年	AEG社	リングヘッドによる長手記録
1938年	永井健三教授「交流バイアス磁気記録法」発明

従来のDCバイアスでは雑音に消されていた音声の記録を交流バイアスで可能とし実用化

後に岩崎、横山の理論解析
・バイアス周波数は信号の3倍以上
・波高値は飽和磁化させる値

（昭和14年7月 永井ほか 電気評論）

（長手記録）
1948	アンペックス	ラジオ放送テープレコーダ製品化
1950	ソニー（当時東京通信工業）	磁気録音機製品（交流バイアス法使用）
1956	アンペックス	ビデオテープレコーダ製品化
1957	IBM	電算機用ハードディスクIBM305製品化
1958	岩崎俊一教授	メタルテープ発明

（垂直磁気記録）
1977	同上	CoCrスパッタ薄膜と垂直磁気記録発明
1991	IBM	1GBハードディスクにMRヘッド使用
2005	東芝	1.8インチ40GB、2枚で80GB垂直HDD製品化
2006	日立	ほぼ同上類似品製品化

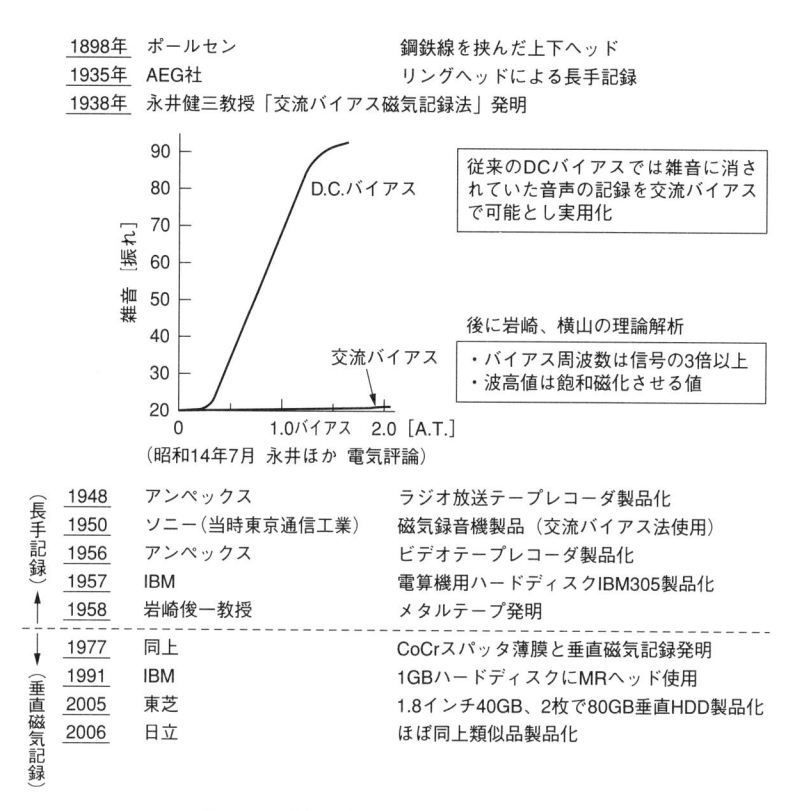

図5-7 磁気記録の歴史的経過（その2）

し、逆に記録磁化からヘッドに入る磁力線を横切ることで再生し、読みとった。

1938年永井健三教授による交流バイアス記録方式が発明され一気に実用化が進んだ。図のようにそれまでの直流バイアスでは雑音が大きく実用にはほど遠いものであったが、ノイズがとれ一般に使用されるようになった。この製品化は東京通信工業（現ソニー）が果たし、磁気録音機として普及した。1958年メタルテープが岩崎教授によって発明されカセット型として発展した。蒸着テープとして薄膜技術が関係するのであ

る。その発明の経過について岩崎教授発表の資料に基づいて述べることにする。

メタルテープの発明に次いで高密度化研究を進め**図5-8**に示す回転磁化モードを発見された。長手記録で記録波長が短くなると減磁作用が強くなり、遂に媒体内部で回転した磁化になって表面に磁力線が出なくなる。一般の関係業界ではこれを防ぐため記録の磁性薄膜の厚さを薄くしていった。それは再生起電力を低下させ必ず行き詰ると考えられた。回転とはいえ記録されているのだからとり出す手段を作ればよくDC磁界を加えたところ回転から垂直になることを確かめた。そして1-3節(1)項で述べたRFスパッタによるCoCr薄膜で**図5-9**に示す記念すべき磁化特性を発見した。垂直磁化で記録できることである。ヒステリシスは減磁界補正をすると角形になる。これによって膜圧を薄くしなくても高密度の再生電圧が得られることになった。続いてCoCr記録膜の下地に水平磁化容易膜を設け再生出力の向上がはかられた。その値は下地層がないときより1桁以上の高さである。**図5-10**に示すように記録後の残留磁化

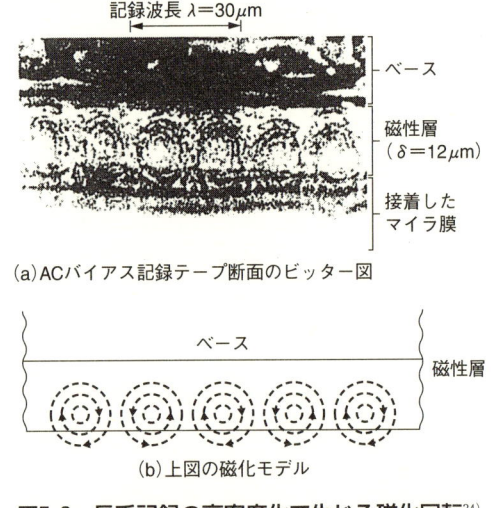

(a) ACバイアス記録テープ断面のビッター図

(b) 上図の磁化モデル

図5-8　長手記録の高密度化で生じる磁化回転[34]

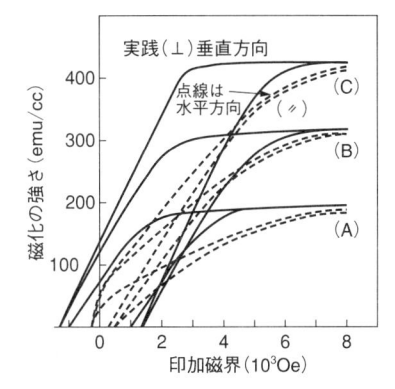

マイカ基板上のCoCrスパッタ薄膜（5mm $\phi \times 0.8\mu m$厚）の磁化特性（A）Cr16%（B）18%（C）20%

図5-9　RFスパッタで作製したCoCr薄膜の磁化特性[33]

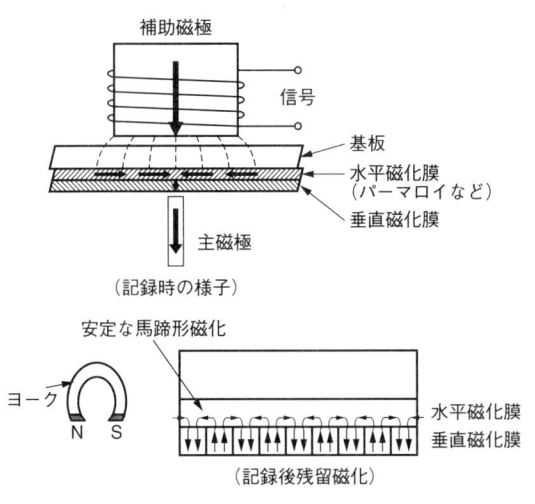

図5-10　二層膜媒体と単磁極型垂直ヘッド[35]

は馬蹄形を示している。一般の馬蹄形磁石を微小化したもので極めて安定である。長手記録のリングヘッドに代わり垂直型ヘッドも開発された。図5-10の上図はその模式図で補助極励磁方式である。補助極から出た磁力線は水平磁化膜を通り、薄くて幅の狭い主磁極に入る。その主磁極と接する磁化膜の狭い部分が垂直方向に磁化されるのである。この主磁極の厚みがヘッド走行方向の記録密度（線密度）を決め、幅はトラック密度を決定する要因になる。後日、垂直ヘッドを媒体の片側で可能な主磁極励磁型が開発されたが、尖鋭な主磁極が基本で媒体同様その特性は薄膜技術に強く左右される。垂直に磁化された微小磁石は隣り同士の間で引力がはたらき高密度になるほど安定になる理想的磁気記録である。その各基本要素は発明当初に確立されていた。

(3) 垂直磁気記録ハードディスク

ガラスやアルミニウムなどを基板とする垂直型ハードディスクとして実用化されている。記録層の材料も多くの提案があったが、基本は発明時のCoCr系スパッタ薄膜である。その微細構造を模式的に**図5-11**に示す。まずCoCrにTaかPtを加えた一様なターゲットで作られた記録層をみると組成が一様でなく、Coリッチなコアを非磁性Crリッチ膜が囲んでいる[36]。これは垂直磁化にとって真に好ましい構造である。このカラムの径が大きいと記録密度の増加に従い記録ビットの境界で記録カラムの出入りに基づく媒体ノイズの原因になる、TaやPtを加えた3元薄膜として改善されている。水平磁化の下地層は高飽和磁化、低保磁力でノイズを出さない材料とする。それらの中間に非磁性で1 nmくらいの中間層を設ける。**図5-12**は2層膜垂直媒体の断面TEM写真を示す[37]。水平磁化膜はノイズ対策として多層膜として作られることが多いが1 nmで一様な成膜技術が必要になる。

現在、記録カラムの径は約10 nmと言われている。500 Gb/in^{2}の記録密度を狙うとすると1 bを約10個のカラムで受けもつことになる。一層

(偏 析)[36]

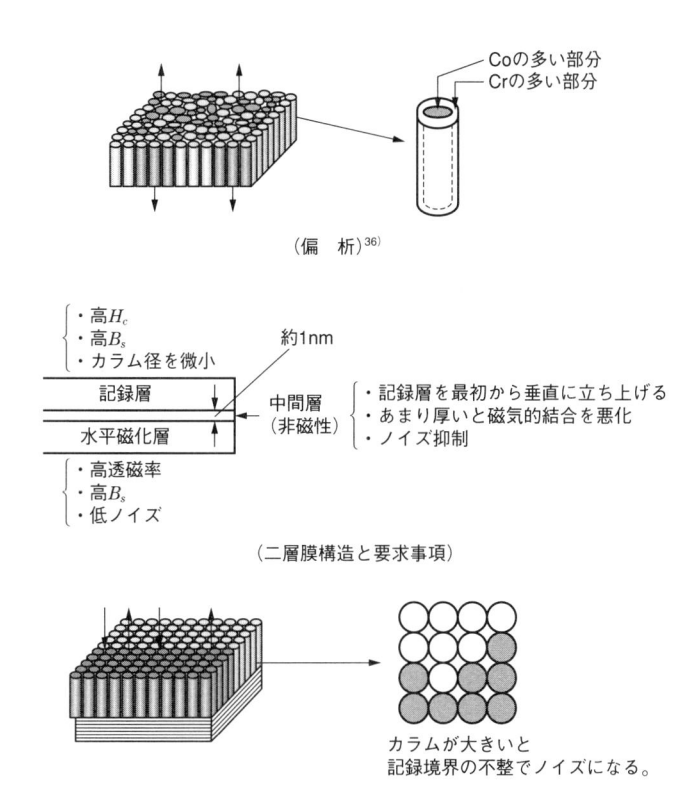

図5-11 垂直二層媒体の構造[37]

の微細化構造が必要で進歩していくだろう。

(4) GMR と TMR 効果

ディスクに記録されている微小磁石から出る磁束密度を読みとるため、従来は**図5-13左図**に示す電磁誘導方式を用いてきた。これに対し、同右図のようにある素子の電気抵抗 R が加えられた磁界に依存する MR 効果を用いる方式が提案されていた。微小磁界でその抵抗が200％も変化する薄膜素子が開発されたのでその内容を説明しよう。その基本は2-2節で述べた電子の電荷以外のスピンと波の性質を用いる。スピンを利

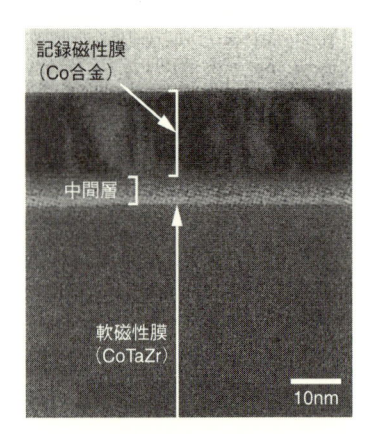

図5-12　二層垂直媒体の断面 TEM 写真[37]

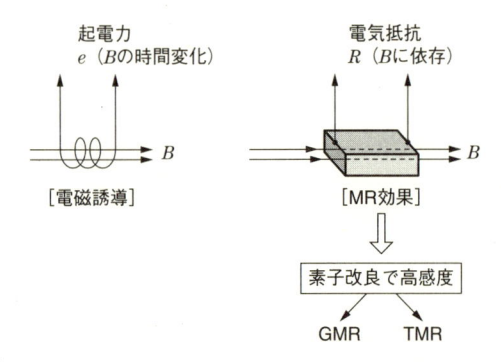

図5-13　従来の電磁誘導と MR 効果

用して高感度化したものが GMR でスピンと波動によるものが TMR である。**図5-14**(a)は GMR の説明図である。Co などの強磁性薄膜（厚さ約2 nm）と Cu などの非磁性金属薄膜を交互に20組くらいの多層膜としたものである。外部の磁界がなければ、ポテンシャルエネルギを下げるため隣りの磁性層同士は反方向の磁化になる。図のように電界 E を加えると電子はその方向に加速されるがその磁気モーメントと返対の磁性層に当り散乱される。従って電気抵抗は高い。外部磁界が印加され、各

(a) GMR効果

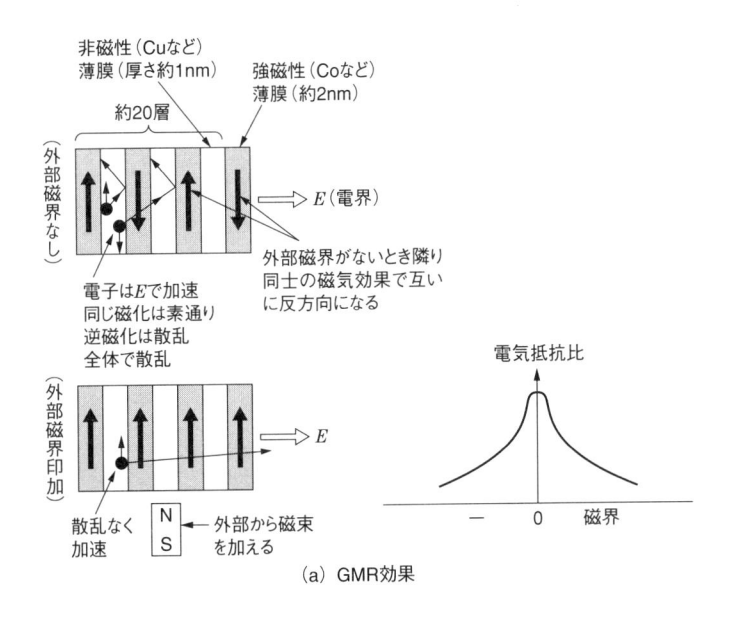

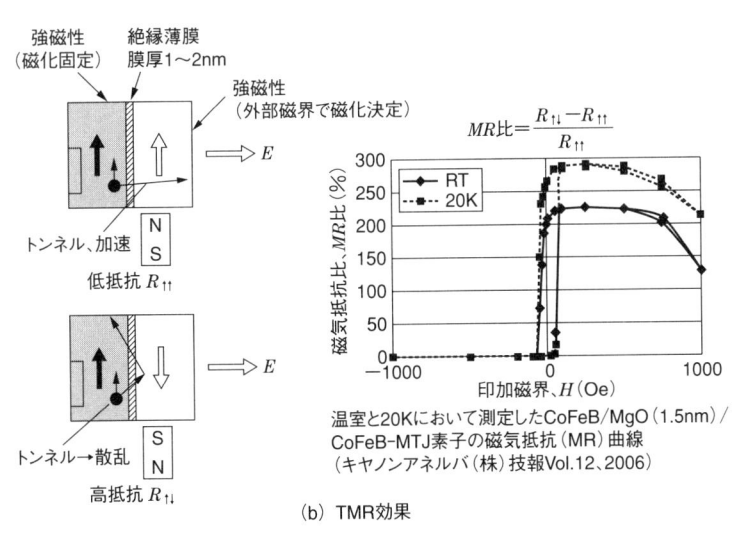

(b) TMR効果

$$MR\text{比} = \frac{R_{\uparrow\downarrow} - R_{\uparrow\uparrow}}{R_{\uparrow\uparrow}}$$

温室と20Kにおいて測定したCoFeB/MgO(1.5nm)/CoFeB-MTJ素子の磁気抵抗(MR)曲線
(キヤノンアネルバ(株)技報Vol.12、2006)

図5-14　GMR、TMR効果

磁性層の磁化方向が同じになると磁気モーメントが合う電子は妨げられることなく電界方向に加速される。すなわち、外部磁界の有無に応じて電気抵抗が大きく変化する。

　(b)図は電子を波動とみてそのトンネル効果も用いたTMR効果の説明である。2つの強磁性金属層の間にトンネル効果を起こす絶縁障壁（厚さ1〜2 nm）を設けてある。2-2節で説明したように電子は波動としてこの障壁を通過する。2つの磁性層の一方（左側）は磁化が固定され、ここを通る電子はその磁気モーメントが同じもので他は散乱される。言わばスピンに対するフィルタになっている。右側は外部磁界に応じて極性が変わる。これをフリー層という。そこで外部磁界により両側の磁化が同方向のときはトンネル電流は増加、逆なら減少する。すなわち、電気抵抗は低抵抗から高抵抗に変わる。その変化率が100％に達する。同図にキヤノン・アネルバのデータを示す[19]。室温で200％を超え、高密度磁気記録の読み出し用ヘッドに適する。その膜構造の断面写真を**図5-15**に示す。使用したスパッタ装置は図4-13(b)に示したものである。

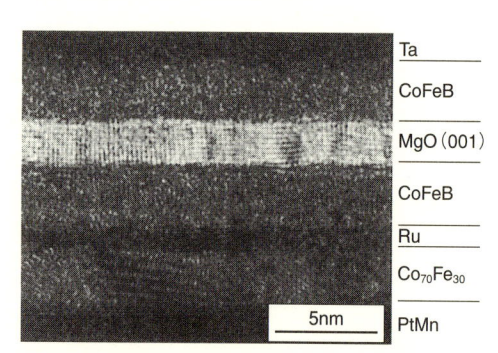

(b) 熱処理を施していない CoFeB / MgO / CoFeB の断面 TEM 像

図5-15　TMR実測に使用した素子の断面TEM写真（キヤノンアネルバ(株)）

膜構成（上から）: Ta / CoFeB / MgO(001) / CoFeB / Ru / $Co_{70}Fe_{30}$ / PtMn　スケール: 5nm

(5) 垂直用単磁極ヘッドと記録パターン

図5-10に示した単磁極ヘッドをディスクの片側にすべて配置し、読みとりには前項の GMR あるいは TMR による高感度素子を用いた改良単磁極ヘッドが開発された。**図5-16**に拡大した模式図を示す。主磁極は発明の時点と同じで、極めて尖鋭な強い垂直磁界を作り、記録層を磁化する。その磁束は裏打ち水平磁化膜を通って底面積の広い補助極に入る。この磁束の通路はほぼギャップのない磁路になるので磁気抵抗が非常に小さく、すでに述べたように記録感度が桁違いに高い。記録された後は図5-10に示した安定な馬蹄形磁石を形成する。ヘッドの主要部は数10 μm の大きさで、コイルを含め薄膜と加工ともにプラズマ・プロセスにたよっている。再生用素子 GMR や TMR も同様のプロセスによる産物である。**図5-17**は52 Gb/in^2 に垂直磁気記録されたパターンを磁気力顕微鏡でとった写真である[37]。ビットの大きさが推計できる。現在は、よ

2.5インチHDD
（日立GST）

0.85インチHDD
（東芝）

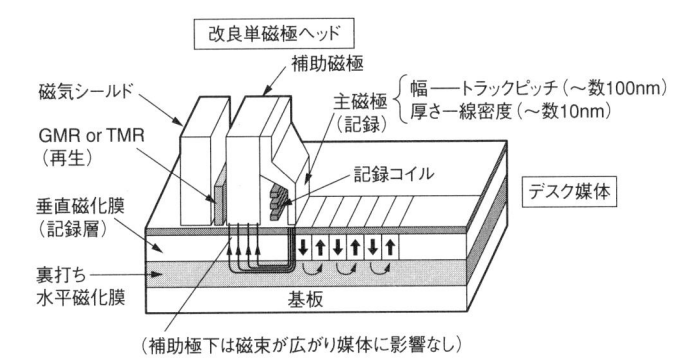

図5-16 発表された製品と改良単磁極ヘッドの拡大模式図

図5-17　52 Gb/in² 垂直磁気記録パターンの磁気力顕微鏡像[37]

り高密度化が進み、サーボほかの開発と統合され1-3節(2)項に述べた製品が実現したのである。

　ユビキタス社会の実現に向かって一層の高密度化が進むことだろう。テラ・ビットを実現することが次の目標と言われるようになった。プラズマ・プロセスも一層の進歩が必要になってくる。

5-2 ● 超 LSI

(1) 超 LSI の概要

2-2節において述べた電子の3つの顔で、電荷をもつ微粒子としてはたらく機能素子は真空管からはじまった。そして通信、コンピュータの発展を支えてきた。その機能素子の歴史をたどると、いつでもより小形化しようという努力が続けられてきた。真空管から半導体への一大技術革新があったが、その後もトランジスタ、IC、LSI、そして超 LSI と、一時も停滞したことがない。電子産業においては、常に次の技術開発が重要で、それを疎かにしてトップシェアに満足していると瞬く間に衰退してしまう。

現在の LSI をみてみよう。図5-18は LSI を作る概念図を示す。結晶引き上げ法で作った単結晶シリコンをスライスしたものがウエハである。そのウエハは高度に清浄化されたクリーンルームで多くの処理工程を経てその表面に所期の素子群を作っていく。その工程の中に薄膜作成、ドライエッチングというプラズマプロセスが繰返し行われる。これがウエハプロセスで LSI の性能を決める大事な行程である。効率の観点から約5 mm 角のチップを1つの単位として作り、終了後ダイヤモンド刃で切り出す。このチップにトランジスタなどの素子を現在は3億個くらい作

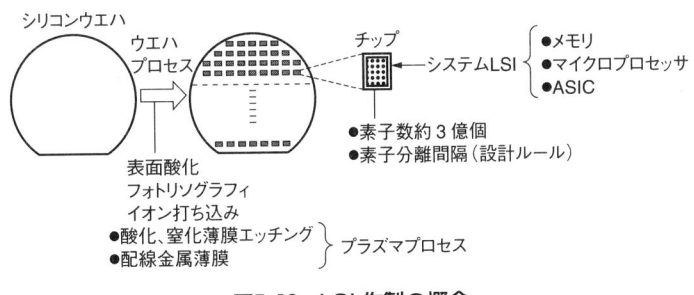

図5-18　LSI 作製の概念

っている。その微小素子を分離する間隔を設計ルールと呼んでいる。システム LSI とはこのチップ内にメモリ、マイクロプロセッサ、ASIC の機能をすべて入れたもので、言わばパソコンをチップ内に作り込んだようなものである。

さて、90年代半ばに設計ルールの年毎の推移とその将来予測をした資料を**図5-19**(a)に示す[38]。開発段階で可能になった点とビジネスとして量産のピークとみなされた点の経過である。その予測線上に現状で100 nm を切ったと言われている値をプロットしてみた。機種が同一でないことを考えればよい一致である。

図(b)は同時に発表されたゴミの問題として理論解析された許容値である。設計ルールに対し、パターンに欠陥を生じる最小パーティクルの大きさを示している。当時、一層の微小化を検討された中での問題点であった。いつでも懸念される課題が横たわり、それらをクリアして現在の高密度に達したのである。

(2) 現時点の課題と対策案 SGT

設計ルールの値が100 nm 以下になった現在、従来の方法で微細化を続けられるのだろうか。**図5-20**に示す MOS-FET について考えてみるとゲートの長さ d が数10 nm になってしまう。ゲート電極 G が絶縁膜を介して作る静電容量が小さくなるからゲート電圧で半導体側に誘起する電荷が不十分で制御不能になってしまう。ゲート下の絶縁膜を薄くすればよいが、いま以上に薄くなると電子波によるトンネル効果が生じてしまう。いよいよ物理的限界に達したように思われる。これまでもゴミの問題などで行き詰まり、その都度打開してきたが今回は違うのだろうか。しかし、チャレンジ的対策が提案されている。その1つはゲート下の絶縁膜材料を強誘電体として表面積低下を補うものである。もう1つはフラッシュメモリの発明者舛岡教授提案の SGT という新デバイスである[39]。**図5-21**のように従来の平面構造を縦形にして電極を円筒状に配

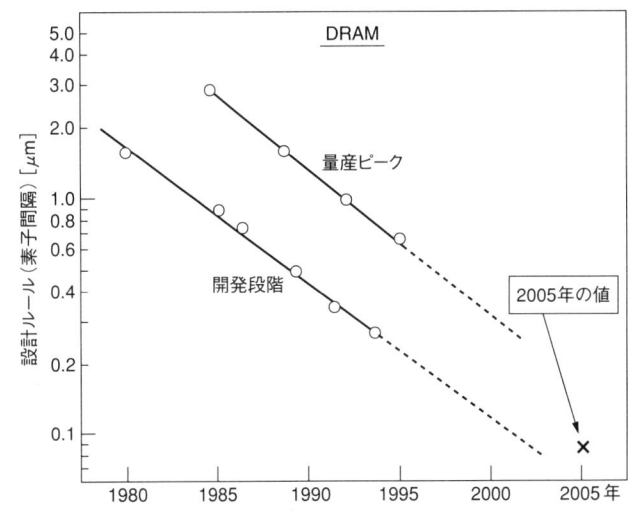

(a) 設計ルールの年変化。開発段階と量産ピークはそれぞれ ISSCC および WSTS 統計からプロット

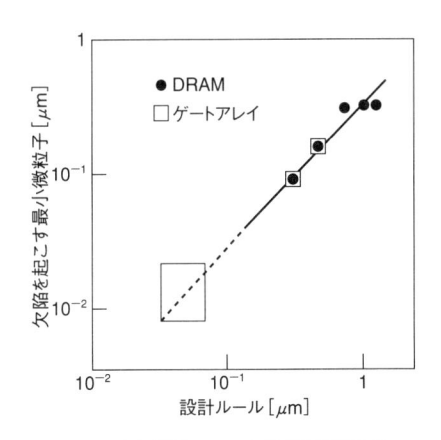

(b) 設計ルールと最小許容微粒子

図5-19 1994年に予測の設計ルール年変化(a)および設計ルールに対しパターン欠陥を起こす最小微粒子[38]

置したものである。ウエハ上の占有面積は縮小されるがゲートの表面積は大きく保たれ、面密度が約10倍になると言われている。

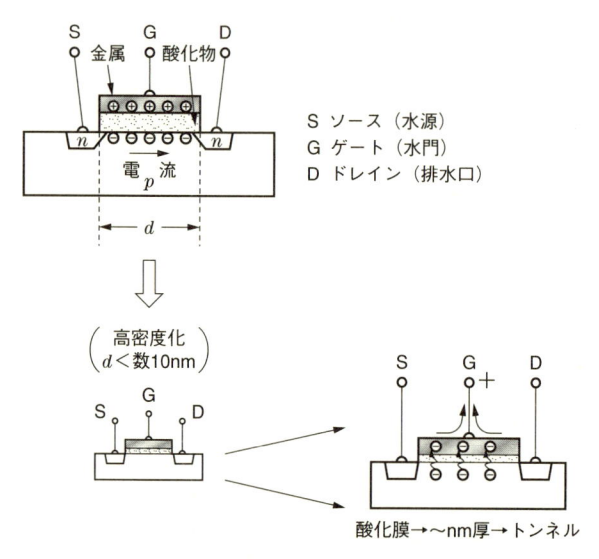

図5-20　MOS-FET の高密度化限界は電子の波としてのトンネル効果

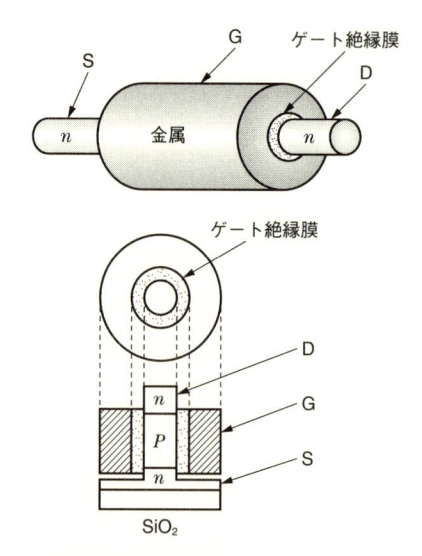

図5-21　微細化（従来の1/10占有面積）期待の SGT

5-3 ● 量子効果デバイス

　前項で述べたようにデバイスの微細化が進み、すでに MOS-FET では電子のトンネル効果が生じ、制御不能となり、次世代に向けた開発研究がはじまった。一方で、薄膜の厚さを電子波並の10Åくらいに制御して新しいデバイスが生まれてきた。その薄膜は分子線エピタキシ MBE によって研究されているが、実用化（量産化）を考えたらプラズマプロセスに依存すべきだろうと思われる。もちろん従来方式から進化したものになるだろう。その期待を込めて量子効果デバイスの例をあげることにする。

(1) 量子井戸レーザ

　半導体レーザは伝導帯にある電子が価電子帯のホールに落下するときのエネルギ差を用いている。その動作に重要なポイントの1つは落下の過程で格子点と衝突し熱として発散しないようにすることである。これは GaAs を主とする化合物半導体の直接遷移で可能になった。

　次にレーザの上位レベルに沢山の電子を作り、光の損失を防ぐことである。これは GaAs を AlGaAs で挟んだダブルヘテロ構造によって解決されたのであった。さて、**図5-22**に示すようにダブルヘテロ構造の活性層に相当する B（GaAs）の厚さを約10Åにすると、電子波が両側の A 層との接続壁にきたとき B の厚さと波の半波長の整数倍が等しければ定在波となるから電子波は B 内にとどまる。定在波の条件はトビトビでサブバンドを作る。電子を水にたとえ、この構造を量子井戸と呼んでいる。さらに図5-22(b)のように A 層も電子波並の厚さにして、繰返し重ねた多重構造にすると隣りとトンネルで結ばれ、電子が非常に増加する。これを多重量子井戸という。その発振特性を**図5-23**に示す。レーザ発振を起こす最小電流をしきい値電流と呼び重要な特性になっている。

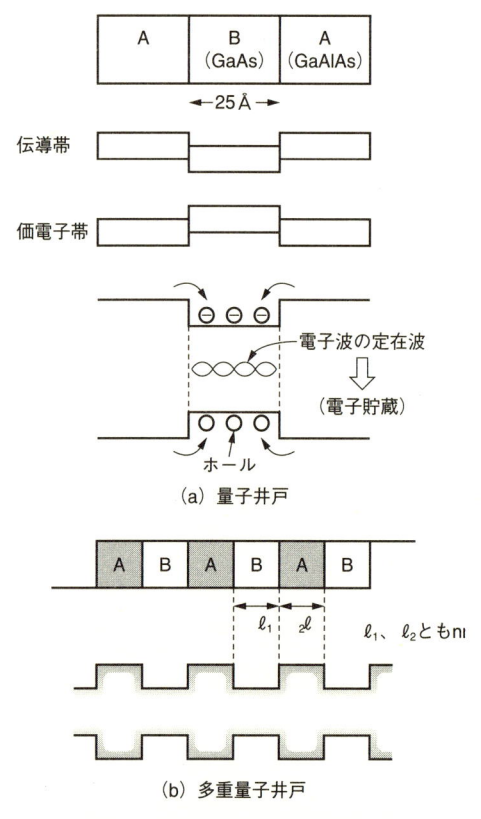

図5-22 量子井戸と多重量子井戸

図には普通に使用されているレーザの特性も定性的に示してある。多重量子井戸レーザのしきい値はほぼ零で使用する上で極めて優れたレーザである。

(2) 高速度トランジスタ HEMT

　放電プラズマに頼らないで、時間と手間を問題にしない真の研究的成膜法として分子線エピタキシ MBE がある[1]。この装置を用い、ベル研究所で1 nm ほどの GaAs と AlGaAs の超格子を作り解析して**図5-24**の結

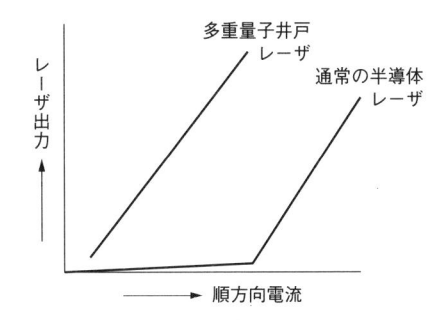

図5-23 多重量子井戸レーザのしきい値はほぼ零

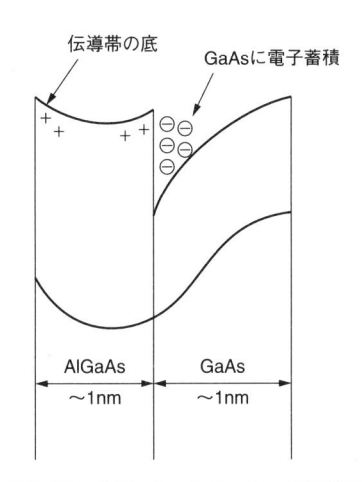

図5-24 AlGaAs と GaAs の超格子

果が得られた。すなわち GaAs 層に AlGaAs から沢山の電子が注入されるのである。これに注目した富士通(株)によって高速 FET が発明された[40),41)]。HEMT と呼ばれている。元々 GaAs 内の電子の移動度は Si のそれより1桁位大きいことは知られていた。そこで MOS-FET の Si を GaAs に替えた実験をしたがゲートによる電子蓄積が得られず成功しなかったという。そして図5-24の発表に触発され**図5-25**の HEMT を発明開発したのであった。n 型 AlGaAs から GaAs に沢山の電子が注入さ

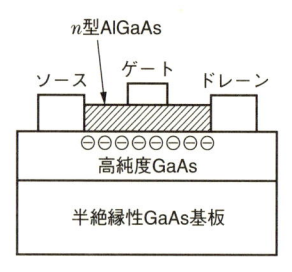

図5-25　高速度 HEMT[40],[41]

れ、高速道路である GaAs 内をゲートからの信号に応じて疾走するデバイスである。長い間使用されてきた進行波管に代わって通信衛星やマイクロ波機器に採用され、携帯電話や高速コンピュータへと発展している。

(3) 超電導量子干渉デバイス SQUID

4-6節において Rb 磁力計を説明したが、さらに約5桁も感度の高い磁力計が開発され人間の脳磁界測定に利用されている。超電導量子干渉デバイス SQUID である。取り扱う磁束密度を概観するため、地磁気や脳磁界などと計測類の感度を図5-26に示す。脳内の神経による情報処理に伴うわずかな電流、または心臓で心筋の収縮・拡張により血液を体中に循環させるための指令電流などは微小磁界を発生している。これをそれぞれ脳磁界および心磁界という。地磁気はいつも一定ではないが東京で約 4.6×10^{-5} T である。一方、磁力計としては簡単な標準として用いられる電磁変換型のフラックスゲート磁力計、感度がその約3桁高い既述した光ポンピングによる Rb 磁力計、そしてさらに Rb 磁力計より約5桁も感度が上がった SQUID が開発された。それらの感度を図の右側に示した。

図5-27は SQUID の基本構成(a)とその特性(b)を示す。超電導体で作ったリングに極めて薄い絶縁膜を挟んだ接合を設ける。これをジョセフ

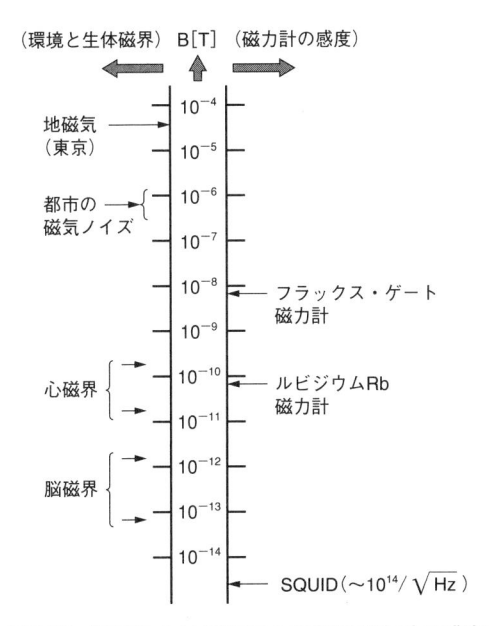

図5-26 環境と生体磁界および各種磁力計の感度

ソン接合 (J.J.) という。超伝導体は電気抵抗0で、J.J. は電子がトンネルできる厚さで普通は抵抗0である。しかし、磁束の影響を受け電気抵抗が現れるようになる。いま、リングの両側に J.J. を(a)図のように2つ設けた DC-SQUID が広く用いられている。完全な超電導リングを貫く磁束は磁束量子 ϕ_0 ($2.07 \times k\ 10^{-15}$Wb) の整数倍しか許されないという量子効果がある。図のように J.J. をもつ超電導リングでは貫通する磁束に基づく位相差によって SQUID に0電圧で流せる最大電流が ϕ_0 の周期で変化する。(a)図で定電流を流すと(b)図のように入力磁束に対して周期的な電圧が発生する。明瞭になるバイアス電流を選び ϕ_0 の回数を読めばよいことになる。

実用的には液体 He を使用するので高価で大げさな装置になるという欠点がある。しかし、La-Ba-Cu-O 系の酸化物を用い、30 K で超電導になるという発明があって、酸化物超伝導の研究が進み液体 N_2 温度

(a) DC-SQUID構成

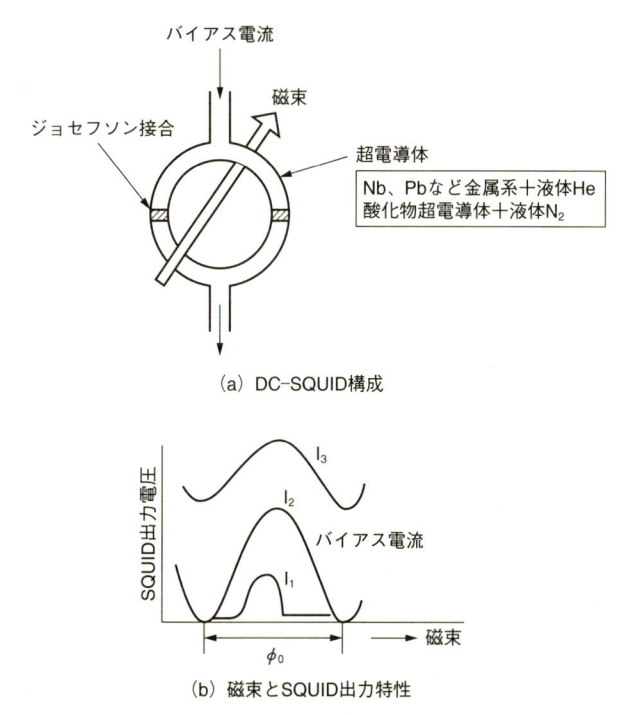

(b) 磁束とSQUID出力特性

図5-27 DC-SQUID 構成とその特性[42]

(77.4 K) 以上で超電導になる物質も見出されてきた。液体 N_2 で簡単に操作できる時代が到来することと思われる。その製法にスパッタ薄膜が関係しながら進んでいる。

5-4 ● スピントロニクス

　5-1節(4)項で磁気記録の読み取りに磁気抵抗 MR の高感度素子 GMR と TMR について述べた。キャリア電子がもっている電荷のほかにスピンと電子波を用いるものであった。電荷と質量をもつ微粒子と考えた電子による半導体、電子のスピンによる磁性材料を基にした磁気記録とそれぞれ発展してきた。そして最近になって半導体と磁気記録を集積し、機能を複合化するという技術がはじまった。電子がもっている3つの顔である電荷、スピン、そして電子波を活用したものでスピントロニクスと呼ばれている。すでに述べた GMR、TMR は正にその技術である。TMR の延長として大きな期待で研究されているメモリ MRAM の概要を述べることにする[43]。

　図5-28は MRAM の模式図である。(a)図のようにビット線（BL）とワード線（WL）の交点に TMR が挟まれている。その TMR はすでに述

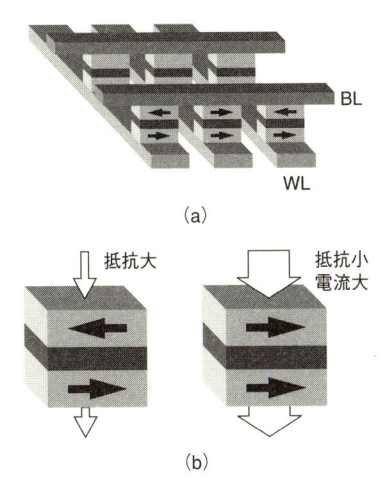

図5-28　(a)MRAM 素子構成の概略図、(b)TMR 効果

べたように強磁性層(固定)／絶縁膜(トンネル)／強磁性層(フリー)という3層構造である((b)図)。また、同図右のように2つの強磁性層のスピンが平行な場合はTMRの電気抵抗は小さく、同図左の反平行では大きい。2つの強磁性層の向きが平行のときは0、反平行のとき1と定義すると電気抵抗の変化を検出することでTMRに記録されているビット情報を読み取ることができる。書き込みはBLとWLにパルス電流を流し、その合成磁界により強磁性フリー層のスピンの向きを反転させるのである。

さて、強磁性層に遷移金属磁性材料が用いられてきたが強磁性半導体を用いるTMRの研究も始められている。半導体によるTMRは半導体基板との整合性がよく、エピタキシャル成長により原子層まで制御が可能である。現在までのウエハプロセスが利用でき、非常に有利である。

図5-29は試作された半導体TMR素子の構造とその特性を示す。(b)

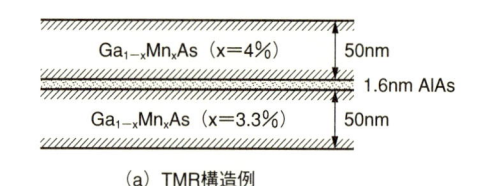

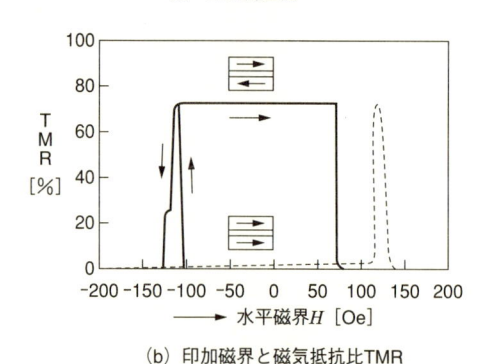

(a) TMR構造例

$Ga_{1-x}Mn_xAs$ (x=4%) 50nm
1.6nm AlAs
$Ga_{1-x}Mn_xAs$ (x=3.3%) 50nm

(b) 印加磁界と磁気抵抗比TMR

図5-29 TMRデバイス構造例(a)とその特性(b)[43]

図の実線は磁界を正から負へ、点線は負から正へ変化させた場合を示している。TMR比として72%が得られている。

MRAMのほかにスピントランジスタも提案され、材料を含め次世代に向けた開発研究が内外ではじめられている。その薄膜作成はMBE法により時間を問題にしないで進められることが多い。しかし、いずれはプラズマプロセスの出番がくると思われる。キヤノンアネルバ(株)で試作された図5-15はその証しといえるだろう。6個のスパッタ室で順に作られた各薄膜は1 nmの厚さに制御されていることが明瞭にわかる[19]。

5-5 ● 魅力の炭素系物質

(1) 炭素 C の結合差による異なる物質

　同じ炭素だけからできているのに、原子間の結合の違いにより全く異なる物質がある。しかも最近、新しく発見されたものが注目されているのである。

　図2-5で説明したように炭素原子は最外殻軌道に価電子4個と4つの空席があって隣り合う原子と共有結合する。結合手としてみれば4本を出している。その結合のしかたによって**図5-30**のように多数の物質が生じている。それらの結合をナノ人間に見て貰うことにしよう。

　ダイヤモンドは4本の結合を手全部を使い図のようにまわりの原子と結合し、極めて頑丈な構造を持ち絶縁体である。結合手が平面上に出て、隣りの原子と六円環を作った平らな層が重なってできたものが黒鉛(グラファイト)である。このとき使われる結合手は電子3個で、残りの1個は原子間を自由に移動する。これをπ電子と呼び電気の良導体である。さらに、近年になって世界が注目する物質が発見された。1つは図のように Ar や He の雰囲気中でカーボンを抵抗加熱して得られたススの中からフラーレンが見い出された。C 原子が60個あるいは70個でサッカーボール状に閉じている。さらにメタンなど C を含む気体中のグロー放電や希ガス中の炭素電極によるアークで管壁に生じた煤(スス)の中から発見されたカーボン・ナノチューブ CNT (Carbon Nano–Tube) である。これは黒鉛一層あるいは複数層をパイプ状に丸めたもので、その直径が約 $0.5\,\text{nm}$ から $10\,\text{nm}$ 位、長さ約 $10\,\mu\text{m}$ しかない物質である。いずれも魅力ある物質で多方面での応用と効率よい製法の開発がはじまった。

(2) ダイヤモンド、同擬似炭素 DLC 薄膜

　ダイヤモンドは地球の限られた地域で見つかる昔からの貴重な宝石で

第5章 プラズマ・プロセス応用

炭素原子の結合を変えると貴重なものがいろいろできるぞ

宝石の王ダイヤモンド

ダイヤモンド結晶
（4本の結合手はすべて接続し、安定な絶縁体）

結合手4本すべて接続

鉛筆のしん、黒鉛

結合手1本余り伝導電子になる

伝導電子（π電子）

層間にはファンデアワールス力

グラファイト結晶
（結合手1本余り伝導電子（π電子）が発生し、良導体）

発生スス（ベンゼンに溶解）

Ar、He

カーボン（抵抗加熱で蒸発）

フラーレン
（Cが60個あるいは70個サッカーボール状に結合）

発生スス

He

C＋触媒

C　アーク放電

カーボンナノチューブ
（グラファイト一層をパイプ状に巻いた）

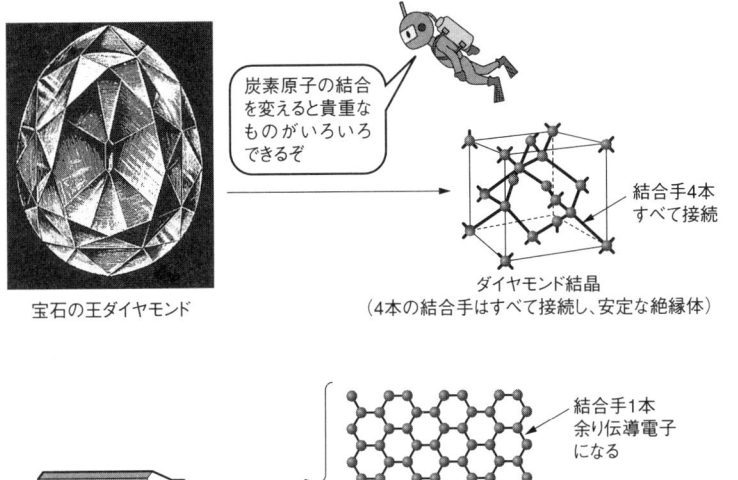

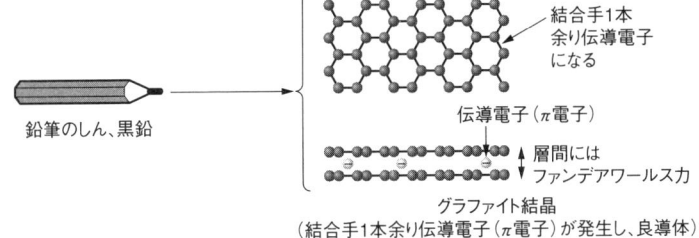

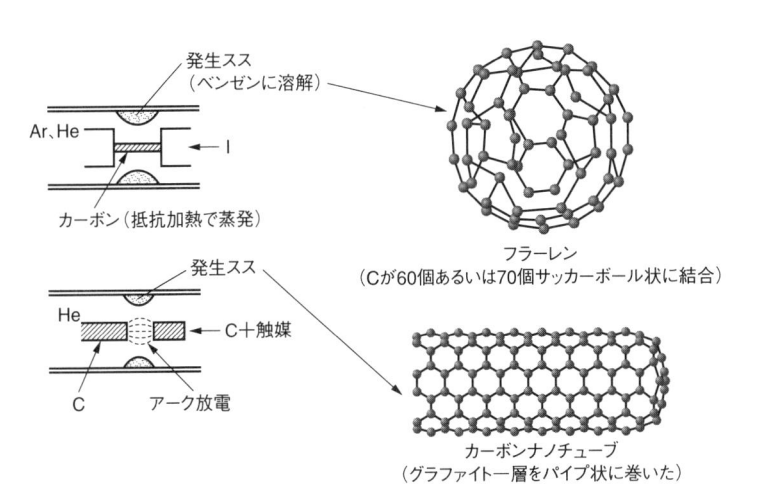

図5-30　炭素原子は結合の差で違った物質になる

表5-1 ダイヤモンドの主な物性

- 硬度……地球上にある固体物質中で最高
- 電気特性……絶縁体
- 熱の伝導率……金属の約5倍、Siの13倍
- 耐熱、耐薬品
  耐摩耗、高音速 ｝いずれも優良
  光の広波長域透過
- 半導体との比較

		ダイヤモンド	Si	GaAs
禁制帯幅 (eV)		5.5	1.1	1.4
移動度 ($cm^2/V \cdot S$)	電子	2000	1500	9700
	ホール	2100	500	420
破壊電界 (V/cm)		3.5×10^6	3×10^5	4×10^5

ある。そのダイヤモンドが炭素からできているということに自然の不可思議を感じる。

　工学的応用の上からその主な物性を表5-1に示す。すべての物質の中で最も硬く、絶縁体であるということは常識だが、熱伝導率が金属（銀）の5倍もあって耐熱性、耐薬品性などに優れ、破壊強度も高い。キャリアーの易動度もSi以上で次世代のデバイス材料としても注目されている。その工業用には天然物でなく人工ダイヤでなければならない。そこでその製法を見てみよう。まず、オーソドックス法として1500℃以上の高温と6万気圧という高圧力のもとで炭素原子の結晶が作られている。この大掛かりな方法に対し、炭素イオンを電界で加速し衝突を起こすと同様の状態になってダイヤモンドの微小な結晶が得られることがわかってきた。そしてプラズマCVD法によりダイヤモンド薄膜が試作されるようになった。メタンガスCH_4などの水素と炭素の化合した気体を通してプラズマを作ると電子衝突でガスは分解し、発生した水素原子の作用も加わってダイヤモンド結晶が得られる。まだ完全なダイヤモンドにはなっていないがグラファイトとダイヤモンドの中間としての薄膜が

得られるようになった、DLC（Diamonnd Like Carbon）という。デバイスを作るほどの材料ではないが、表面の保護膜として利用されている。その例を**図5-31**に示す。すなわち、蒸着磁気テープの耐久性向上を目指して作られたDLCコーティング用プラズマCVD式ロール・コーターである[44]。C_2H_2、C_2H_4などのガスを通してRFマグネトロン放電を起こす。そのプラズマの対極になるロールに沿って走行するプラスチック・テープ上にDLC膜を作るのである。その試作膜の硬度についての特性を**図5-32**に示す[44]。実験の範囲内ではRF入力、ガス圧力、膜圧などに余り関係なく微小ビッカース硬度2000という硬い膜が生じている。

動摩擦係数（測定条件：荷重10 g、圧子4 mmϕ SUS 303鋼球、走行速度2 m/min、50 mm幅、くり返し走行）を求め、蒸着磁気テープ生の状態で約0.15に対し0.06〜0.09と小さくなり潤滑効果を示している。

いずれ、プラズマ・プロセスの向上とともにダイヤモンド薄膜の発展が期待される。

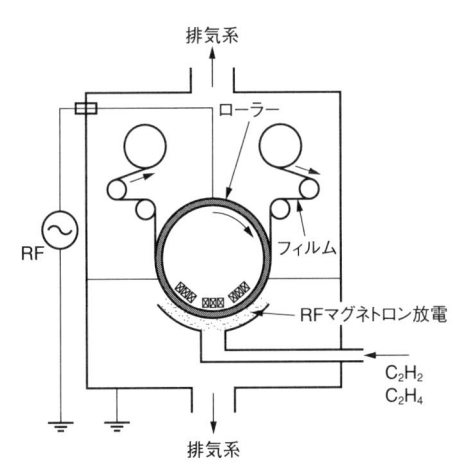

図5-31 プラズマCVD（RFマグネトロン）によりフィルム上にDLCをコーティングするロールコーター[44]

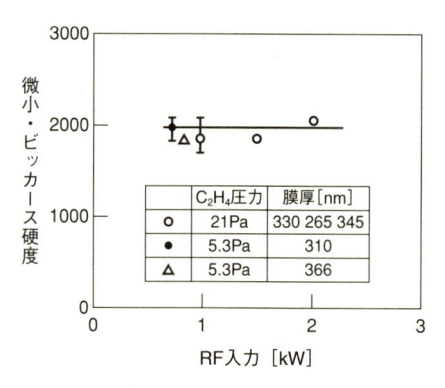

C_2H_4圧力	膜厚[nm]
○ 21Pa	330 265 345
● 5.3Pa	310
△ 5.3Pa	366

図5-32　図5-31で得られたDLC膜のRF出力と硬度[44]

（3）カーボン・ナノチューブCNT

① CNTの概要

　図5-30に示したカーボンナノチューブCNTは日本から世界に発信した発見である[45]。グラファイトの一層あるいは複数の層を丸め継ぎ目のない直径~nmというチューブである。ある程度の量を製造できるようになり各方面で応用しようという開発がはじまった。

　その製造に各種の放電技術が用いられている。一般的な製法と得られるCNTの種類について述べる。**図5-33**(a)は数10～100 kPaのHeやArガスの中で純度の高いカーボンを陰極と陽極に用いたアーク放電法である。アーク電流により蒸発した陽極の炭素が陰極上に堆積し成長する。その内部に図に示す2層以上からなる多層カーボンナノチューブMWNT（Murti-Wall Nano-Tube）が詰って生じる。一方、一層からなる単層カーボンナノチューブSWNT（Single-Wall Nano-Tube）を作るには(b)図に示すように触媒が必要になる。カーボンの棒に開けた穴に触媒の金属粉末を詰め込むか、触媒と炭素を均一に混ぜて電極にする。触媒としては鉄属、希土類、白金などが知られ、Fe-Ni、Ni-Yなどのように2元触媒にするとSWNTの収量が飛躍的に増すことがある。この場合は(b)図のように容器の壁に溜る煤（スス）の中にSWNTが炭素粉末に混じっ

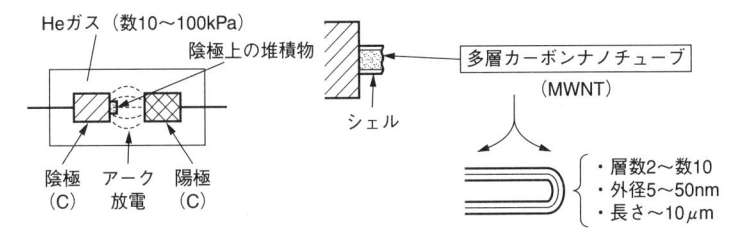

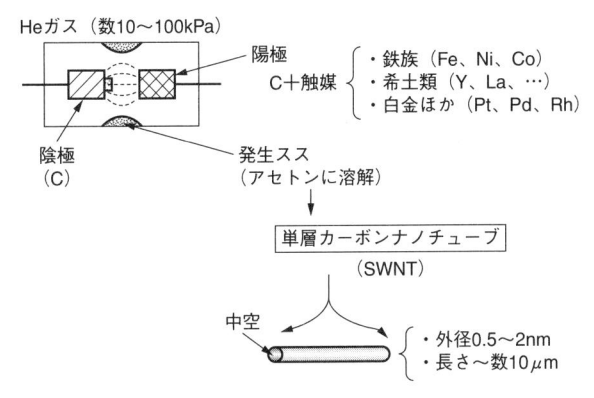

図5-33 多層(a)、単層(b)カーボンナノチューブと一般的作成法

て発生する。

さて、CNTの側面はグラファイトと同様に炭素原子で作る最小リングが6員環になっている。チューブの先端部分でも側面と同じ層が存在し、多面的に閉じている。そのため、MWNTのときはそれぞれの端に5員環が作られ安定に閉じている。5員環の結合は弱く、熱処理によってキャップは脱落し、CNTはパイプになる。

これらCNTは各方面から注目され開発研究が続いているが、その応用として期待されている主なものを**表5-2**にあげておく。負電圧印加でその尖鋭な先端部に強い電界が発生し高電界電子放出源になることが確かめられてから大きな期待の1つになった。またモバイル機器用として

表5-2 カーボンナノチューブに対する期待

- 高電界電子放出源
  - FED（高電界電子ディスプレイ）
  - 電離真空計電子源
  - STMのプローブ
- アルカリ2次イオン電池…イオン→原子に戻るとき樹枝状生成を防止、安定動作
- 水素電池…チューブ内にH_2を吸蔵
- 強力繊維
- 原子間力顕微鏡…カンチレバーに用い感度向上
- 半導体デバイス…極限の集積度

小形、軽量で高容量の2次電池が必要である。そのためイオン化傾向が強くて軽いアルカリ金属が用いられる。その強力な反応から安全を保つためCNTは優れた材料になる。またキャップを外したナノパイプ内にH_2を吸蔵し、水素エネルギの要求に応えようとするものなど沢山の期待があがっている。

② 高電界電子放出源としてのCNT

液晶やプラズマによるフラットディスプレイはテレビを中心に発展している。CNT電界電子放出源が広い面状で可能になると従来のブラウン管をフラットにしたディスプレイが実現できる。スピント型電子源で提案されていたFEDが、CNTでできないだろうかという大きな期待がある。その確認のために行った一例を示そう[46]。

図5-33(b)によってSWNTを作り、これを用いた平面状電子源を試作した。その方法を**表5-3**に示す。SWNTは作成装置の付着する場所により純度が異なるが⑧、⑥の作業で均一化される。ⓒの上澄みほどCNT

表5-3 単層カーボンナノチューブによる平面電子源作成の例[46]

ⓐ	粗単層カーボンナノチューブをミキサー
ⓑ	ⓐ終了後アセトンに分散させ超音波
ⓒ	約10分静置し、半分くらいの上澄みを回収
ⓓ	底部に基板（銅板）を設置した容器に上澄み回収物を移す
ⓔ	アセトンが完全に蒸発するまで自然乾燥
ⓕ	単層カーボンナノチューブが基板に密着し、平面電子源となる

(a) *I–V* 特性

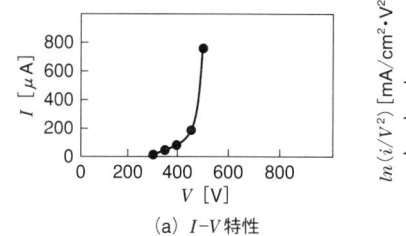

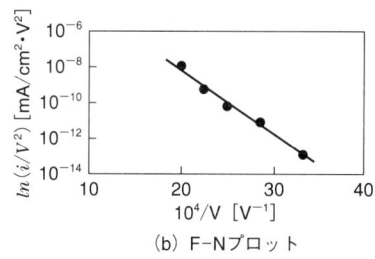

(b) F–Nプロット

図5-34 フィルム化した単層カーボンナノチューブ SWNT をエミッタとして用いたときの *I–V* 特性(a)、*F–N* プロット(b)
(電極径1 mm-φ、背圧2×10⁻⁵Pa、陰—陽極間距離0.1 mm)[46]

の純度は高い。ⓓの工程で所定の穴を開けたマスクで基板面を覆うと希望するパターンの面状エミッタができる。作成したエミッタを直径1 mm φ、背圧2×10^{-5}Pa、電極間距離0.1 mm とした2極管の陰極としてI-V特性を求めた。そのF-N プロットも作り**図5-34**の(a)と(b)に示す。仕事関数数 eV の普通の材料で電界放出は10^7V/cm の電界が必要だが(a)図から3×10^5V/cm で開始していることがわかる。F-N プロットの直線特性から電界放出とみなせる。

以上に対し、文献47) は示唆に富む発表である。**図5-35**に示すように、キャップを落とした MWNT がもっとも電子放出しやすい。その上経時変化においても SWNT より MWNT が安定を保っている。

さて、以上の例はいずれもエミッタ表面に対し CNT の向きが極めて無秩序である。電子放出に寄与しているものがどのくらいあるかなどは不明である。その欠点を除く方法が考案された。すなわち基板の望む所に触媒をつけ、CH_4と H_2などのガスを用いたプラズマ CVD を用いる法である。触媒から面に垂直に CNT が成長する。表5-3のような工程も不要である。**図5-36**はその発表された概要を示す[48]。マイクロ波プラズマ CVD 法で基板にバイアス電圧を印加し原料ガスはCH_4+H_2である。ガラス基板の触媒上にのみ CNT が垂直に成長する。成膜時の基板温度650℃で成膜速度$1\,\mu$m/min と速い。

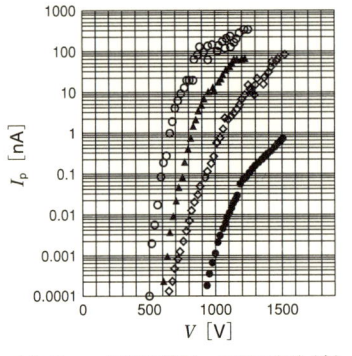

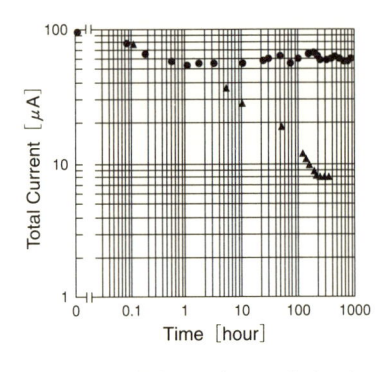

(a) Capped MWNT（●）、MWNT（H$_2$）（◇）、open MWNT（○）およびSWNT束（▲）の電流–電圧特性。電流は直径1mmのプローブ孔を使って測定された（エミッタ–プローブ孔間の距離は60mm）プローブ電流（I_p）が示してある。エミッタティップは室温である。

(b) MWNT（●）およびSWNT（▲）の束からの電界放出電流の時間変化。

図5-35　カーボンナノチューブの種類による電子放出特性[47]

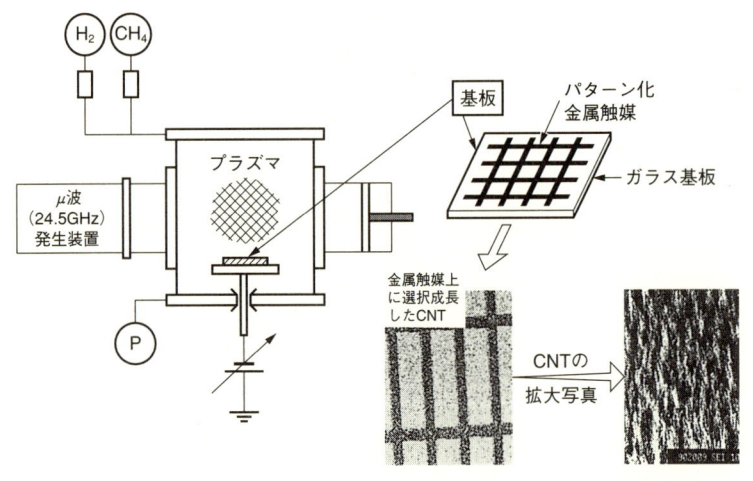

図5-36　プラズマ CVD によるパターンド・エミッタの作成[48]

今後の発展が大いに期待されるがプラズマ CVD はますます重要になるであろう。CNT の成長、触媒の作用など基礎事項を明かにしていく努力も望まれる。

コラム：日本の誇り垂直磁気記録

垂直磁気記録は、わが国の岩崎俊一教授が世界に発信した一大技術革新である。情報化が進みユビキタスに向う中で情報のストレージは基幹となる技術である。

図5-37に示す米国のデータによると世界の情報量は2005年で12 EB（エクサ（10^{18}）バイト）、年率2倍以上で伸びている[49]。磁気ストレージが他に比して圧倒的に多い。磁気ストレージ中でハードディスクが多く2007年は4億台になるとみられている。関係者によるとその約70%が垂直 HDD になり、約2年後は100%になるだろうと言われている[49]。垂直磁気記録技術は日本の誇りであり、その成功の物語は日経エレクトロニクスに6回に渡って掲載された[50]。

もう一度、著者の感想も加えて成功の要因を列挙してすべての技術関係者の参考にしたい。

1. <u>一貫した研究テーマ</u>
   社会に役立つ研究テーマとして、磁気記録の限りない高密度化を追求、メタルテープに続いて究極の垂直 HDD に至った。
2. <u>実験データから鋭いひらめき</u>
   CoCr スパッタ薄膜の磁気特性から垂直方式を思いついた先見性
3. <u>直ちに研究を垂直方式に絞った迅速性</u>
4. <u>学術振興会144（委）会の熱心でオープンな長期継続</u>
   隔月1回の委員会で約50名の民間を含む出席者にオープンで熱心な指導が31年継続
5. <u>死の谷と呼ばれた時期、負けない気力</u>
   図5-38に示すように読取りヘッドがコイルから磁気抵抗 MR、さらに高感度の GMR や TMR に移行し従来式でも高密度になるので垂直方

```
2002 年    世界の情報量   5EB（5×10^18 Bytes）/年（Berkley.edu）
             ・磁気ストレージ            ：  92％
             ・フィルム                  ：   7％
             ・紙                        ：  0.01％
             ・光メディア                ： 0.02％
           HDDの世界出荷台数   2億238万台（JEITA*報告）
             ・3.5inch                   ：  82％
             ・2.5inch以下               ：  18％
2005 年    世界の情報量   12EB/年（R.S.Indeck）
           HDDの世界出荷台数   3億6348万台（JEITA*報告）
             ・3.5inch                   ：  69％
             ・2.5inch以下               ：  31％
```

図5-37　世界の情報量

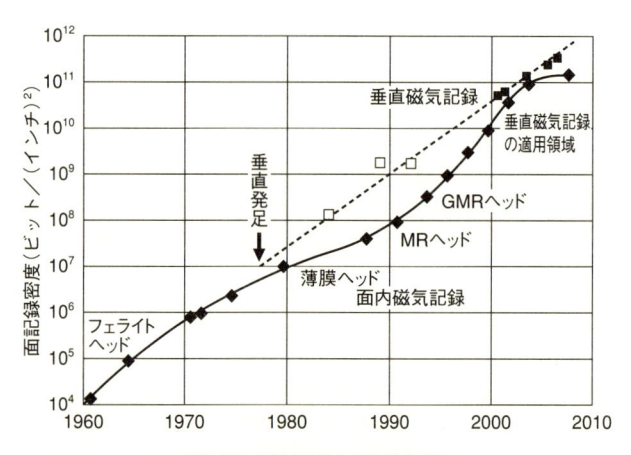

図5-38　面密度向上の年次推移
□：1984年50 kBPI×2.5 kTPI、1989年250 kBPI×7.1 kTPI 東北大試作 FDD、1992年2 Gbits/in² 富士通試作 HDD、
■：東芝、日立：HDD 製品およびプロトタイプ、◆：面内磁気記録。

式から去るものが増えた。垂直からみて死の谷である。従来方式で高密度化を進めるには記録膜厚を限りなく薄くしていくので熱ゆらぎのため記録が消えるときがくる。垂直は薄くする必要がなく、必ず垂直のときがくると我慢。

6. 優秀な門下生を育成

　最初に東芝、日立で製品化されたが、それらの中心となった技術者は岩崎教授研究室出身者である。その技術者が発表したとき、基本になった事項は岩崎教授が国際会議で発表された発明そのものだった。垂直磁気記録の基本原理を具体化しようと熱心に研究された教授の姿をみた門下生の力が大きい。

　以上を整理して、岩崎俊一教授と場所は離れていたが青春時代に受けたシーマン・シップの行動訓を思い出した。
「スマートで目先が効いて几帳面、負けじ魂これぞ舟乗り」
というのである。上記にあげた垂直磁気記録成功のあとを対比してみよう。
○スマートで目先が効く……スマートとは日本のカッコイイではない。品格をもったきびしい敏速さである。これだとひらめいた2項、迅速に舵をとった3項オープンに進められた指導の4項が該当する。
○几帳面……いつも熱心に、盛会のうちに31年に渡って続けられる144委員会の4項は正にこれである。
○負けじ魂……死の谷を耐えた、信念に基ずく気力の5項目。
　さて、この教訓は長い長い経験から生れたものと思われるが、舟に限らず企業や団体にもあてはまる。いかなる巨艦であっても沈没することはある。日頃から守りたい教えである。

参考文献

1) 小林春洋：薄膜—基礎のきそ、日刊工業新聞社、2006
2) 小林春洋：最近の放電管とその応用、日刊工業新聞社、1952
3) H. Hosokawa, H. Kitahara：Proc. Inter. Ion Engineering Congress, Vol. Ⅱ, PP. 731-740
4) M. J. Druyvesteyn and F. M. Penning：Rev. Mod. Phys. 12（1940）87
5) H. D. Hagstrum：Phys. Rev. 89（1953）244, 91（1953）543, 96（1954）325, 104（1956）317
6) 武石喜幸：Phys. Soc. Japan 11（1956）676：東芝レビュー11（1956）1249
7) 大谷四郎、高橋連：RADIOISOTOPES, Vol. 11, No. 1（1962）
8) A. V. Engel and M. Steenbeck：Elektrishe Gasentladungen（1932）
9) 渡辺寧、小林春洋：電学誌74巻786号、787号（1954）；T. Rep, of Tohoku Uni. Vol. ⅩⅧ, No. 2, P. 235
10) 武田進：気体放電の基礎、東京電機大学出版局
11) H. R. Koenig 他：IBM J. Res. Develop., $\underline{14}$（1970）168
12) 八田吉典：気体放電、近代科学社（昭35年1月）
13) A. E. Wendt, M. A. Lieberman：J. Vac. S. T., A 8（2）（1990）902
14) S. M. Rossnagel：J. Vac. S. T., A 7（3）（1989）1025
15) 小林春洋：スパッタ薄膜、日刊工業新聞社、1993
16) J. A. Thornton, D. W. Hoffman：J. Vac. S. T., 14（1977）164
17) J. A. Thornton：J. Vac. S. T., 11（1974）666
18) キヤノンアネルバ株式会社製品要覧（2006）
19) キヤノンアネルバ(株)技報 Vol. 12（2006）
20) 村上裕彦他：ULVAC Technical Journal, 51（1999）1
21) 鴨志田元孝：ナノスケール半導体実践工学、丸善仙台出版サービ

スセンタ、平成17年

22) 細川、松崎、麻蒔（日電バリアン）：第6回真空国際会議予稿集（1974）435
23) 岩崎俊一「垂直磁気記録の研究からの教訓」、東北工業大学、（2003）
24) 内池平樹：真空、第41巻第7号（1998）595
25) 望月昭宏：同上、同上、（〃）603
26) 小林春洋：トコトンやさしいレーザの本、日刊工業新聞社、2002年
27) A. Javan, W. R. Bennet, D. R. Herriot：Phys. Rev. Lett., 6（1961）106
28) 小林春洋、老門泰三：電気通信全国大会予稿集、216（1963）
29) H. Kobayashi, T. Oikado：Proc. of Int. Conf. on Microwave and Inf., M 11-6（1964）及び特許533962
30) 小林春洋、小早川正樹：電気通信全国大会予稿集、282（1962）
31) 小林春洋、小早川正樹、鷹觜紀雄：NEC 日本電気技報 79（1966）115
32) Shun-ichi Iwasaki：IEEE Transaction On Magnetics, Vol. 38, No. 4（2002）1609
33) 岩崎俊一、山崎英俊：第7回応用磁気学会講演論文集、4 pA-7（1975）41
34) S. Iwasaki, K. Takemura：IEEE Trans. on Mag., MAG-11, No. 5（1975）
35) S. Iwasaki, Y. Nakamura, K. Ouchi：IEEE Trans. on Mag., MAG-15, No. 6（1979）
36) 前田、高橋：Porc. PMRC（1989）673
37) 二本正昭：真空 Vol. 46、No. 10（2003）738
38) 鴨志田元孝：電気化学、Vol. 62、No. 9（1994）
39) 舛岡富士雄、遠藤哲郎：電学誌、122巻4号（2002）232

40) 三村高志：電子通信情報学会誌 Vol. 76、No. 3（1993）230
41) 福田益美：同上 Vol. 85、No. 6（2002）397
42) 塚田啓二：同上 Vol. 88、No. 4（2005）289
43) 周逸凱、朝日一：真空、Vol. 49、No. 12（2006）722
44) 稲川幸之助、銭谷利宏、日比野直樹、太田賀文：真空、Vol. 43、No. 5（2000）599
45) S. Iijima：Nature, 354（1991）56
46) 坪井利行、縄巻健司、小林春洋（株ホリゾン）：第15回フラーレン総合シンポジウム（1999）22
47) 斉藤弥八：真空、Vol. 42、No. 8（1999）717
48) 村上裕彦、平川正明：平成13年度日本真空協会2月研究例会、3（2001）6
49) 岩崎俊一：日本学術振興会協力会第85回理事会及び第77回評議員会講演資料（2007.2.14）
50) Tech Tale：日経エレクトロニクス誌（2006）4・24、5・8、5・22、6・5、6・19、7・3

索　引

◆英数字◆
2次電子 …………………………………… 48
Ar レーザ ………………………………… 123
CNT …………………………………… 162, 166
CO_2 レーザ …………………………… 123
CoCr 薄膜 ………………………………… 140
CVD ……………………………………… 106
DLC ……………………………………… 165
GMR ……………………………………… 144
He–Ne レーザ …………………………… 123
HEMT …………………………………… 154
MBE ……………………………………… 153
MRAM …………………………………… 159
PDP ……………………………………… 118
PVD ……………………………………… 106
RF スパッタ ………………………… 53, 97, 140
RF 放電 ……………………………… 68, 94
RIE ……………………………………… 131
SGT ……………………………………… 150
SQUID …………………………………… 156
TMR ……………………………………… 144
γ 電子 …………………………………… 76

◆あ◆
アシスト効果 …………………………… 100
アボガドロ数 …………………………… 17
イオン …………………………………… 17
イン・ライン式 ………………………… 95
エキシマレーザ ………………………… 123
エネルギ準位図 ………………………… 40
エロージョン …………………………… 79
オージェ ………………………………… 48

◆か◆
カーボンナノチューブ ……………… 162, 166
核外電子数 ……………………………… 15

　
ガスレーザ ……………………………… 121
カセット・トウ・カセット式 ………… 95
価電子 …………………………………… 17
強磁性体 ………………………………… 134
金属蒸気レーザ ………………………… 125
駆動速度 ………………………………… 56
原子 ……………………………………… 14
原子番号 ………………………………… 15
元素 ……………………………………… 14
硬磁性体 ………………………………… 138
高周波電界 ……………………………… 65

◆さ◆
サイクロトロン周波数 ………………… 72
再結合 …………………………………… 88
残留磁束密度 …………………………… 138
磁性 ……………………………………… 19
質量 ……………………………………… 16
真空 ……………………………………… 34
水素サイラトロン ……………………… 9
垂直磁気 ………………………………… 6
ストレージ ……………………………… 4
スパッタ ………………………………… 81
スパッタ薄膜 …………………………… 94
スパッタエッチング …………………… 114
スパッタ率 ……………………………… 81
スピン磁気モーメント ………………… 23
スピントロニクス ……………………… 159
セルフバイアス ………………………… 69

◆た◆
体積再結合 ……………………………… 89
弾性衝突 ………………………………… 38
単分子層 ………………………………… 31
中性子 …………………………………… 15
定電圧放電管 …………………………… 8

電子	15
電子なだれ	42
電子波	22
電離	40
電離係数	42
電離数	42
ド・ブロイ波	22
同位元素	15
トラップ	66
トリチェリ	33
ドリフト速度	56
トンネル効果	146

◆な◆

軟磁性体	138
ネットワーク	4

◆は◆

パスカルの法則	33
バックファイア	53
パッシェンの法則	45
バッチ式	95
反強磁性	136
反跳 Ar	83
反転分布	123
非弾性衝突	38
表示放電管	8
表面再結合	89
フィラメント	34
フェリ磁性	136
フェロ磁性	135
不活性ガス	19
プラズマ	2
プラズマディスプレイパネル	117
プラズマ CVD	106
プラズマ TV	46
プラズマエッチング	112
フラックス	27

ブリュースタ窓	126
フレーミングの法則	71
分子	14
分子線エピタキシ	153
分子入射束	27
分子量	16
平均自由行程	30
平板マグネトロンスパッタ	97
ペンニング効果	45
ポアッソンの式	63
ボイル・シャールの法則	24
放電管	8
捕捉	66

◆ま◆

マグネトロン放電	71, 94
マックスウェルの速度分布	27
モル	16

◆や◆

陽子	15

◆ら◆

ラーマーの歳差運動	71
ラジカル	111
リアクティブ・イオン・エッチング	114, 131
リアクティブスパッタ	101
量子井戸レーザ	153
量子効果デバイス	153
リレー放電管	8
ルビジウム（Rb）原子発振器	128
ルビジウム（Rb）周波数標準器	130
励起	40
ローレンツ力	71

◎著者略歴◎

小林春洋(こばやし　はるひろ)

大正14年	福島県に生まれる
昭和24年	東北大学電気工学科卒業
昭和24年	東北大学工学部大学院特別研究生
昭和31年	東北大学工学部助教授
昭和31年	日本電気株式会社
昭和33年	工学博士（東北大学）
昭和48年	日電バリアン(株)(現キヤノンアネルバ(株))
昭和60年	(株)トーキン
昭和63年	同退職
1971～1989	東京都立大学工学部電気工学科非常勤講師
1991～2002	東京電機大学工学部電子工学科非常勤講師
1992～1995	中央大学理工学部兼任講師

●著書
・最近の放電管とその応用
・レーザ応用技術
・レーザのはなし
・ドライプロセス応用技術
・レーザのはなし第2版
・トコトンやさしいレーザの本
・絵とき「薄膜」基礎のきそ
　　（以上日刊工業新聞社）

絵とき
「放電技術」基礎のきそ　　　　　　　NDC 549

2007年8月30日　初版1刷発行　　（定価はカバーに表示してあります）

ⓒ	著　者	小林　春洋
	発行者	千野　俊猛
	発行所	日刊工業新聞社
		〒103-8548　東京都中央区日本橋小網町14-1
	電　話	書籍編集部　03（5644）7490
		販売・管理部　03（5644）7410
		ＦＡＸ　　　　03（5644）7400
	振替口座	00190-2-186076
	ＵＲＬ	http://www.nikkan.co.jp/pub
	e-mail	info@tky.nikkan.co.jp
	印刷・製本	美研プリンティング㈱

落丁・乱丁本はお取り替えいたします。
2007 Printed in Japan
ISBN 978-4-526-05865-3

Ⓡ〈日本複写権センター委託出版物〉
本書の無断複写は、著作権法上の例外を除き、禁じられています。
本書からの複写は、日本複写権センター（03-3401-2382）の許諾を得てください。